열려라 심화

심화

초등수학

4-1

□+○=921

가장 확실한
초등 심화 입문서

열려라

심화

초등수학

류승재 지음

블루무스에듀
bluemoose edu

4-1
학년

$\dfrac{7}{10} = 0.7$

누구나 심화 잘할 수 있습니다!
교재를 잘 만난다면 말이죠

이 책은 새로운 개념의 심화 입문교재입니다. 교과서와 개념·응용교재에서 배운 개념을 재확인하는 것부터 시작하는 이 책을 다 풀면 교과서부터 심화까지 한 학기 분량을 총정리하는 효과가 있습니다.

개념·응용교재에서 심화로의 연착륙을 돕도록 구성

시간과 노력을 들여 풀 만한 좋은 문제들로만 구성했습니다. 응용에서 심화로의 연착륙이 수월하도록 난도를 조절하는 한편, 중등 과정과의 연계성 측면에서 의미 있는 문제들만 엄선했습니다. 선행개념은 지금 단계에서 의미 있는 것들만 포함시켰습니다. 애초에 심화의 목적은 어려운 문제를 오랫동안 생각하며 푸는 것이기에 너무 많은 문제를 풀 필요가 없습니다. 또한 응용교재에 비해 지나치게 어려워진 심화교재에 도전하다 포기하거나, 도전하기도 전에 어마어마한 양에 겁부터 집어먹는 수많은 학생들을 봐 왔기에 내용과 양 그리고 난이도를 조절했습니다. 참고로 교과서 1단원 큰 수와 5단원 막대그래프의 경우, 특정 유형으로 정리하기에는 적합하지 않아서 단원별 심화에는 등장하지 않습니다. 다만 기본 개념을 다지고 생각을 확장해 주는 좋은 문제들을 골라 심화종합과 실력 진단 테스트에 넣었습니다.

단계별 힌트를 제공하는 답지

이 책의 가장 중요한 특징은 정답과 풀이입니다. 전체 풀이를 보기 전, 최대 3단계까지 힌트를 먼저 주는 방식으로 구성했습니다. 약간의 힌트만으로 문제를 해결함으로써 가급적 스스로 문제를 푸는 경험을 제공하기 위함입니다.

이런 학생들에게 추천합니다

이 책은 응용교재까지 소화한 학생이 처음 하는 심화를 부담없이 진행하도록 구성한 책입니다. 즉 기본적으로 응용교재까지 소화한 학생이 대상입니다. 하지만 개념교재까지 소화한 후, 응용을 생략하고 심화에 도전하고 싶은 학생에게도 추천합니다. 일주일에 2시간씩 투자하면 한 학기 내에 한 권을 정복할 수 있기 때문입니다.

심화를 해야 하는데 시간이 부족한 학생에게도 추천합니다. 이런 경우 원래는 방대한 심화교재에서 문제를 골라서 풀어야 했는데, 그 대신 이 책을 쓰면 됩니다.

이 책을 사용해 수학 심화의 문을 열면, 수학적 사고력이 생기고 수학에 대한 자신감이 생깁니다. 심화라는 문을 열시 못해 자신이 가진 잠재력을 펼치지 못하는 학생들이 없기를 바라는 마음에 이 책을 썼습니다. 《열려라 심화》로 공부하는 모든 학생들이 수학을 즐길 수 있게 되기를 바랍니다.

류승재

• 차 례 •

이 책의 구성

· 기본 개념 테스트

단순히 개념 관련 문제를 푸는 수준에서 그치지 않고, 하단에 넓은 공간을 두어 스스로 개념을 쓰고 정리하게 구성되어 있습니다.

TIP 답이 틀려도 교습자는 정답과 풀이의 답을 알려 주지 않습니다. 교과서와 개념교재를 보고 답을 쓰게 하세요.

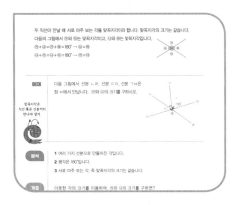

· 단원별 심화

가장 자주 나오는 심화개념으로 구성했습니다. 예제는 분석–개요–풀이 3단으로 구성되어, 심화개념의 핵심이 무엇인지 바로 알 수 있게 했습니다.

TIP 시간은 넉넉히 주고, 답지의 단계별 힌트를 참고하여 조금씩 힌트만 주는 방식으로 도와주세요.

· 심화종합

단원별 심화를 푼 후, 모의고사 형식으로 구성된 심화종합 5세트를 풉니다. 앞서 배운 것들을 이리저리 섞어 종합한 문제들로, 뇌를 깨우는 '인터리빙' 방식으로 구성되어 있어요.

TIP 만약 아이가 특정 심화개념이 담긴 문제를 어려워한다면, 스스로 해당 개념이 나오는 단원을 찾아낸 후 이를 복습하게 지도하세요.

· 실력 진단 테스트

한 학기 동안 열심히 공부했으니, 이제 내 실력이 어느 정도인지 확인할 때! 테스트 결과에 따라 무엇을 어떻게 공부해야 하는지 안내해요.

TIP 처음 하는 심화는 원래 어렵습니다. 결과에 연연하기 보다는 책을 모두 푼 아이를 칭찬하고 격려해 주세요.

· 단계별 힌트 방식의 답지

처음부터 끝까지 풀이 과정만 적힌 일반적인 답지가 아니라, 문제를 풀 때 필요한 힌트와 개념을 단계별로 제시합니다.

TIP 1단계부터 차례대로 힌트를 주되, 힌트를 원한다고 무조건 주지 않습니다. 단계별로 1번씩은 다시 생각하라고 돌려보냅니다.

* 어렵거나 헷갈리는 문제를 류승재 선생님이 직접 풀어 줍니다. 문제 밑 QR 코드를 찍어 보세요!

이 순서대로 공부하세요

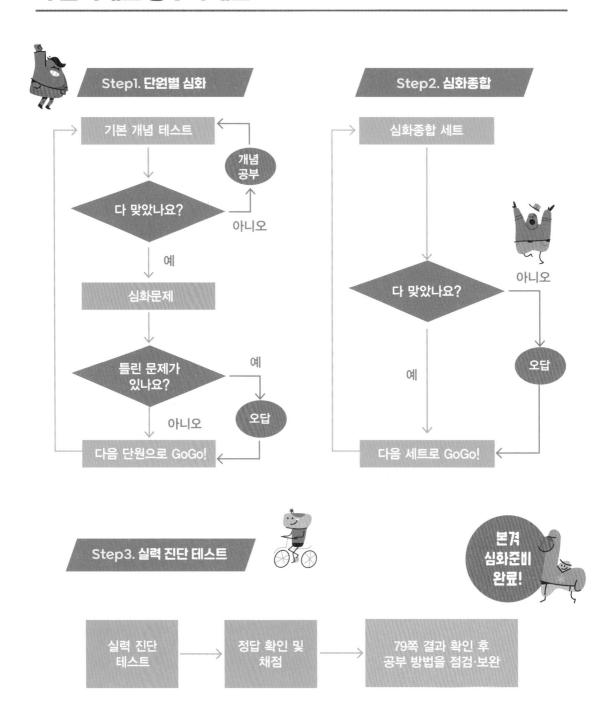

Step1. 단원별 심화

기본 개념 테스트

개념 공부

다 맞았나요?

아니오

예

심화문제

틀린 문제가 있나요?

예

아니오

오답

다음 단원으로 GoGo!

Step2. 심화종합

심화종합 세트

다 맞았나요?

아니오

예

오답

다음 세트로 GoGo!

Step3. 실력 진단 테스트

본격 심화준비 완료!

실력 진단 테스트

정답 확인 및 채점

79쪽 결과 확인 후 공부 방법을 점검·보완

단원별 심화

⬖⬛⬗⬧

기본 개념 테스트

아래의 기본 개념 테스트를 통과하지 못했다면,
교과서·개념교재·응용교재를 보며 이 단원을 다시 공부하세요!

1 예각과 둔각을 직접 그리고, 각각의 뜻을 설명하세요.

2 각도의 합과 차를 어떻게 구할 수 있나요? 예를 들어 설명하세요.

정답과 풀이 02쪽

③ 삼각형의 세 각의 크기의 합이 왜 180°인가요? 그림을 그리거나 도형을 직접 잘라 설명하세요.

④ 사각형의 네 각의 크기의 합이 왜 360°인가요? 그림을 그리거나 도형을 직접 잘라 설명하세요.

맞꼭지각의 성질

꼭짓점이 맞닿은
각이라는 뜻이지!

두 직선이 만날 때 서로 마주 보는 각을 맞꼭지각이라 합니다. 맞꼭지각의 크기는 같습니다.

다음의 그림에서 ㉮와 ㉲는 맞꼭지각이고, ㉯와 ㉱는 맞꼭지각입니다.

㉮+㉯=㉮+㉱=180° → ㉯=㉱

㉯+㉮=㉯+㉲=180° → ㉮=㉲

예제

다음 그림에서 선분 ㄴㄹ, 선분 ㄷㅁ, 선분 ㄱㅂ은
점 ㅂ에서 만납니다. ㉮와 ㉯의 크기를 구하시오.

맞꼭지각은
직선 혹은 선분끼리
만나야 생겨.

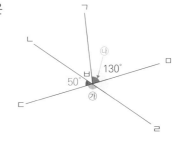

분석

1 여러 가지 선분으로 만들어진 각입니다.

2 평각은 180°입니다.

3 서로 마주 보는 각, 즉 맞꼭지각의 크기는 같습니다.

개요

이웃한 각의 크기를 이용하여, ㉮와 ㉯의 크기를 구하면?

풀이

㉮+50°=180°이므로 ㉮=130°

㉱의 맞꼭지각 크기는 50°입니다.

따라서 ㉱는 50°입니다.

㉯+㉱=130°이므로 ㉯+50°=130°입니다.

따라서 ㉯=80°입니다.

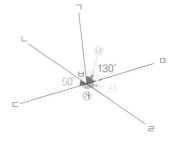

가 1 선분 ㄱㄹ, 선분 ㄴㅁ, 선분 ㄷㅂ이 점 ㅅ에서 만납니다. 다음 □ 안에 알맞은 수를 넣으시오.

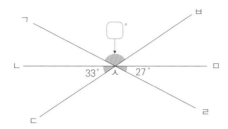

가 2 선분 ㄱㅁ, 선분 ㄴㅇ, 선분 ㄷㅂ, 선분 ㄹㅅ이 점 ㅇ에서 만납니다. 다음 그림에서 ㉮와 ㉯를 각각 구하시오.

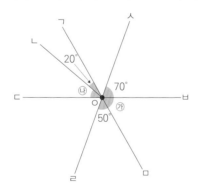

해 볼 만하지?

삼각형의 내각과 외각

삼각형 밖에 있는 각이라 '외각'이야.

삼각형의 한 선분을 곧게 늘렸을 때 도형 바깥쪽에 만들어지는 각을 외각이라 합니다.

삼각형의 한 꼭짓점에서 만들어지는 외각의 크기는 다른 두 꼭짓점의 내각의 크기의 합과 같습니다.

㉠+㉡+㉢=180°, ㉣+㉢=180°이므로

㉠+㉡+㉢=㉣+㉢입니다. 따라서 ㉠+㉡=㉣입니다.

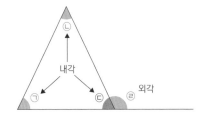

예제

다음 그림에서 ㉮와 ㉯의 각도의 합을 구하시오.

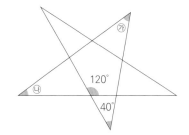

삼각형 찾기 대작전!

분석

1 별 모양의 복잡한 도형이지만, 별 속 삼각형을 기준으로 생각하면 길이 보입니다.

2 삼각형에서 두 내각의 합은 또 다른 내각에 대한 외각의 크기와 같습니다.

개요

별 모양의 도형에서 ㉮와 ㉯의 각의 크기를 찾기, 그리고 둘의 값을 더하기

풀이

120°+▲=180°이므로 ▲=60°입니다.

삼각형의 외각의 성질을 이용하면,

■=▲+40°=60°+40°=100°입니다.

빨간 삼각형에서 ㉮+㉯+■=180°이므로

㉮+㉯+100°=180°입니다.

따라서 ㉮+㉯=180°-100°=80°

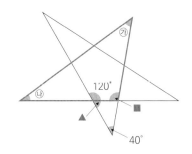

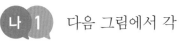 다음 그림에서 각 ㄱㄴㄷ의 크기를 구하시오.

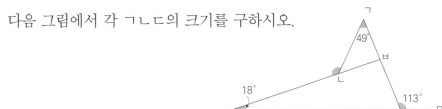

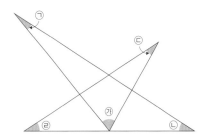

다음 그림에서 ㉠+㉡ = 50° 이고,
㉢+㉣ = 60° 일 때, ㉮의 각도를
구하시오.

각의 크기를 찾는
재미가 있어.

다 | 두 각이 같은 삼각형에서 나머지 각 구하기

삼각형의 내각의 합이 180°라는 사실을 이용해야겠군!

두 각이 같은 삼각형이 주어졌을 경우,

나머지 한 각을 구하려면 180°에서 두 각의 크기를 빼면 됩니다.

예) 다음의 삼각형에서 ■의 크기를 구하는 식은

■=180°−●−●로 세울 수 있습니다.

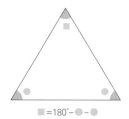

■=180°−●−●

예제

크기가 같은 각을 표시해 봐!

다음 도형에서 각 ㅂㄷㅁ과 각 ㅂㅁㄷ의 크기는 같습니다.

이때 각 ㄴㄱㄷ의 크기를 구하시오.

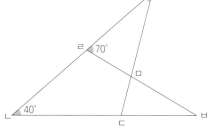

분석

1 삼각형의 세 내각의 합은 180°입니다.

2 내각과 외각의 성질을 이용합니다.

풀이

1 삼각형 ㄹㄴㅂ에서 두 내각의 합은 한 외각의 크기와 같으므로,

40°+(각 ㄴㅂㄹ)=70°입니다. 따라서 (각 ㄴㅂㄹ)=30°입니다.

2 삼각형 ㄷㅂㅁ에서 세 내각의 합은 180°이고, (각 ㅂㄷㅁ)=(각 ㅂㅁㄷ)이므로

(각 ㄷㅂㅁ)+(각 ㅂㄷㅁ)+(각 ㅂㅁㄷ)=180°입니다.

→ 30°+(각 ㅂㄷㅁ)+(각 ㅂㅁㄷ)=180°

→ 30°+(각 ㅂㄷㅁ)+(각 ㅂㅁㄷ)=30°+150°

→ (각 ㅂㄷㅁ)+(각 ㅂㅁㄷ)=150°

그런데 각 ㅂㄷㅁ과 각 ㅂㅁㄷ의 크기는 같으므로

(각 ㅂㄷㅁ)+(각 ㅂㅁㄷ)=75°+75°

따라서 (각 ㅂㄷㅁ)=(각 ㅂㅁㄷ)=75°입니다.

3 삼각형 ㄴㄱㄷ에서 두 내각의 합은 한 외각의 크기와 같으므로,

(각 ㄱㄴㄷ)+(각 ㄴㄱㄷ)=(각 ㅂㄷㅁ)입니다.

→ 40°+(각 ㄴㄱㄷ)=75°

→ (각 ㄴㄱㄷ)=35°

다 1 삼각형 ㄱㄴㄷ에서 (각 ㄱㄴㄷ)=(각 ㄱㄷㄴ)일 때, 각 ㄴㄱㄷ의 크기를 구하시오. (단, ▲와 ■는 각의 크기를 나타냅니다.)

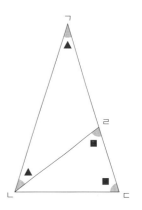

다 2 다음의 도형에서 각 ㄱㄴㄹ과 각 ㄴㄱㄹ의 크기가 같고, 각 ㄱㄹㄷ과 각 ㄱㄷㄹ의 크기가 같습니다. 각 ㄴㄱㄷ의 크기는 69°입니다. (각 ㄹㄱㄷ)+(각 ㄱㄷㄹ)을 구하시오.

우리 지금 같이
도형 공부하자!

라 | 시계 문제: 시침과 분침의 각도

원의 중심각이 360°라는 사실을 이용해야겠군!

분침은 1시간에 1바퀴를 돕니다. 따라서 1시간 동안 360°만큼 움직입니다.
시침은 1시간에 1칸 움직입니다. 따라서 1시간 동안 30°만큼 움직입니다.

흐른 시간	1시간(60분)	10분	1분
분침	360° 이동	60° 이동	6° 이동
시침	30° 이동	5° 이동	0.5° 이동

예제

1시간은 60분, 1분은 60초!

시계가 2시 40분을 가리킬 때, 시침과 분침이 이루는 작은 쪽의 각도를 구하시오.

분석

1 분침의 위치는 확실히 숫자 8에 있습니다.

2 시침의 위치는 2와 3 사이에 있습니다.

3 그렇다면 2시를 기준으로 40분 동안 시침이 얼마나 움직였을지 구해 봅니다.

풀이

현재 시각은 2시 40분입니다. 따라서 2시에서 시계의 중심으로 선을 긋고, 이를 기준으로 시침이 얼마나 움직였는지 계산해 봅니다.

시침은 숫자 2의 위치에서 10분에 5°씩, 40분 동안 5°×4=20°만큼 회전했습니다.

한편 분침은 숫자 2의 반대편인 숫자 8에 있으므로 숫자 2와 180°를 이룹니다.

따라서 시침과 분침이 이루는 작은 쪽의 각도는 180°−20°=160°입니다.

정답과 풀이 04쪽

라 1 다혜는 오후 1시부터 오후 1시 20분까지 낮잠을 잤습니다. 다혜가 낮잠을 자는 동안 시계의 시침과 분침이 움직인 각도를 각각 구하시오.

라 2 시계가 1시 20분을 가리킬 때, 시침과 분침이 이루는 작은 쪽의 각도를 구하시오.

'시간'에 얽매이지 말고
충분히 생각하며 풀어 봐.

③ 곱셈과 나눗셈

1 327×26을 어떻게 계산하는지 다음 물음에 답하시오.

1) 26=20+6입니다. 이를 이용해 계산하세요.

2) 세로셈으로 계산하는 방법을 설명하세요.

2 637÷25를 어떻게 계산하는지 다음 물음에 답하시오.

1) 세로셈으로 계산하는 방법을 설명하세요.

2) 1)에서 계산한 결과를 곱셈과 덧셈을 이용해 검산식을 쓰세요.

가 | 곱이 가장 커지는 식

3학년 2학기
1단원에서
본 적 있지?

서로 다른 5개의 숫자로 (세 자리 수)×(두 자리 수) 곱셈식을 만들 때, 곱이 가장 커지는 식을 세우려면 백의 자리에서 곱해지는 수가 최대한 커야 합니다.

예제

서로 다른 5개의 숫자 1, 2, 3, 4, 5를 이용하여 (세 자리 수)×(두 자리 수) 곱셈식을 만들려 합니다. 계산한 값이 가장 큰 식을 만드시오.

분석

1 곱이 가장 큰 식은 백의 자리와 십의 자리의 곱이 가장 커야 합니다.
따라서 가장 큰 숫자인 4와 5를 활용합니다.

2 그런데 400×50과 500×40의 값은 같습니다.

3 그렇다면 십의 자리끼리 곱한 수가 가장 크려면 4와 5를 어떻게 배치해야 할까요?

풀이

1 가장 큰 숫자 4, 5 중 작은 숫자인 4를 세 자리 수의 백의 자리에, 큰 숫자인 5를 두 자리 수의 십의 자리에 넣습니다. 왜냐하면 가장 큰 숫자인 5가 두 자리 수의 십의 자리에 배치되어야, 세 자리 수의 십의 자리와 곱해져서 가장 큰 수를 만들 수 있기 때문입니다.
($430 \times 50 = 21500$이므로 $530 \times 40 = 21200$보다 큽니다)

2 남아 있는 숫자 중 가장 큰 숫자인 3을 세 자리 수의 십의 자리에 배치하여 5와 곱해지게 합니다. 두 번째로 큰 숫자인 2를 두 자리 수의 일의 자리에 배치합니다. 그래야 세 자리 수의 백의 자리와 곱해져서 가장 큰 수를 만들 수 있기 때문입니다. ($431 \times 52 = 22412$이므로 $432 \times 51 = 22032$보다 큽니다.)

팁

곱이 가장 커지는 식을 만들고 싶으면 다음의 순서로 큰 숫자부터 넣습니다.

5개의 숫자 1, 3, 5, 7, 9를 사용하여 (세 자리 수)×(두 자리 수)를 만들 때, 계산한 값이 가장 큰 식을 완성하시오.

$$\begin{array}{ccc} & \square & \square & \square \\ \times & & \square & \square \\ \hline \end{array}$$

 5개의 숫자 3, 1, 6, 4, 8을 사용하여 (세 자리 수)×(두 자리 수)를 만들 때, 계산한 값이 가장 큰 식을 완성하시오.

$$\begin{array}{ccc} & \square & \square & \square \\ \times & & \square & \square \\ \hline \end{array}$$

팁보다
원리가 중요해!

나 | 곱이 가장 작아지는 식

높은 자리에서
작아져야 해.

서로 다른 5개의 숫자로 (세 자리 수)×(두 자리 수) 곱셈식을 만들 때, 곱이 가장 작아지는 식을 세우려면 백의 자리에서 곱해지는 수가 최대한 작아야 합니다.

예제

서로 다른 5개의 숫자 1, 2, 3, 4, 5를 이용하여 (세 자리 수)×(두 자리 수) 곱셈식을 만들려 합니다. 계산한 값이 가장 작은 식을 만드시오.

분석

1 곱이 가장 작은 식은 백의 자리와 십의 자리의 곱이 가장 작아야 합니다.

따라서 가장 작은 숫자인 1과 2를 활용합니다.

2 그런데 100×20과 200×10의 값은 같습니다.

3 그렇다면 십의 자리끼리 곱한 값이 가장 작으려면 1과 2를 어떻게 배치해야 할까요?

풀이

1 가장 작은 숫자 1, 2 중 큰 숫자인 2를 세 자리 숫자의 백의 자리에, 작은 숫자인 1을 두 자리 수의 십의 자리에 넣습니다. 왜냐하면 가장 작은 숫자인 1이 두 자리 수의 십의 자리에 배치되어야, 세 자리 수의 십의 자리와 곱해져서 가장 작은 수를 만들 수 있기 때문입니다.

2 남아 있는 숫자 중 가장 작은 숫자인 3을 두 자리 수의 일의 자리에 배치하고, 두 번째 작은 숫자인 4를 세 자리 수의 십의 자리에 배치합니다. 왜냐하면 3이 두 자리 수의 일의 자리에 배치되어야 세 자리 수의 백의 자리와 곱해져서 가장 작은 수를 만들 수 있기 때문입니다. (245×13=3185이므로 235×14=3290보다 작습니다)

팁

곱이 가장 작아지는 식을 만들고 싶으면 다음의 순서로 작은 수부터 넣습니다.

나 **1** 5개의 숫자 3, 1, 6, 4, 8을 사용하여 (세 자리 수)×(두 자리 수)를 만들 때, 가장 작은 값을 구하는 식을 완성하시오.

$$\begin{array}{r} \boxed{} \\ \times \boxed{} \\ \hline \end{array}$$

나 **2** 5개의 숫자 1, 3, 5, 7, 9를 사용하여 (세 자리 수)×(두 자리 수)를 만들 때, 가장 작은 값을 구하는 식을 완성하시오.

$$\begin{array}{r} \boxed{} \\ \times \boxed{} \\ \hline \end{array}$$

수를 가지고
놀아 보자!

곱셈식을 작은 수들의 곱으로 쪼개기

1. 곱셈은 순서를 바꿔서 곱해도 계산 결과가 같습니다.

   예) 2×5=5×2, 3×4×5=5×3×4

2. 어떤 수는 그 수보다 작거나 같은 수들의 곱으로 쪼갤 수 있습니다. (단, 0은 곱하면 무조건 0이 되므로 해당하지 않습니다.)

   예) 18=18×1=9×2=2×3×3

예제 100을 숫자 0을 포함하지 않는 2 이상의 자연수의 곱으로 나타내는 방법을 모두 쓰시오.

분석

1 100은 10×10입니다.

2 10은 2×5이므로, 10×10을 (2×5)×(2×5)로 나타낼 수 있습니다.

3 2는 1×2로만 나타낼 수 있고, 5는 1×5로만 나타낼 수 있습니다.

4 따라서 100을 더 이상 쪼갤 수 없는 수의 곱셈식으로 나타내면 2×5×2×5입니다.

  2, 2, 5, 5끼리 곱하여 여러 가지 곱셈식을 만들어 봅니다.

5 그런데 숫자 0을 포함하지 않아야 하므로, 곱셈식을 만들 때 2와 5를 곱해 10을 만들면 안 됩니다.

풀이

100을 더 이상 나눌 수 없는 2 이상의 작은 자연수들의 곱으로 쪼개면 최대 4개의 자연수로 다음과 같이 나타낼 수 있습니다.

100=2×2×5×5

1 두 자연수의 곱으로 나타내면 한 가지 경우가 나옵니다.

  100=2×2×5×5=4×25

2 세 자연수의 곱으로 나타내면 두 가지 경우가 나옵니다.

  100=2×2×5×5=4×5×5

  100=2×2×5×5=2×2×25

3 네 자연수의 곱으로 나타면 한 가지 경우가 나옵니다.

　　100=2×2×5×5

따라서 100을 숫자 0을 포함하지 않는 2 이상의 자연수의 곱으로 나타내는 방법은 네 가지입니다.

 1000을 2 이상의 두 자연수의 곱과 세 자연수의 곱으로 나타내는 경우를 모두 쓰시오. (단, 곱셈식에 숫자 0이 들어가면 안 됩니다.)

 두 수의 곱이 360이고, 각각의 수는 6으로 나누어떨어집니다. 두 수가 모두 6보다 클 때, 두 수를 구하시오.

■ × ●은
● × ■이기도 해.

다 | 곱셈식을 작은 수들의 곱으로 쪼개기

 $60 \times \square = \bigcirc \times \bigcirc$ 를 만족하는 가장 작은 자연수 $\square$ 와 $\bigcirc$ 를 구하시오.

 $60 \div \square = \bigcirc \times \bigcirc$ 를 만족하는 가장 작은 자연수 $\square$ 와 $\bigcirc$ 를 구하시오.

다 5 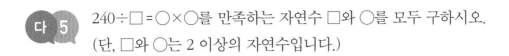 $240 \div \square = \bigcirc \times \bigcirc$ 를 만족하는 자연수 $\square$ 와 $\bigcirc$ 를 모두 구하시오.
(단, $\square$ 와 $\bigcirc$ 는 2 이상의 자연수입니다.)

다 6 $18 \times \square = 60 \times \bigcirc$ 를 만족하는 가장 작은 자연수 $\square$ 와 $\bigcirc$ 를 구하시오.

쪼개고 묶는 연습은
분명 도움될 거야!

④ 평면도형의 이동

기본 개념 테스트

아래의 기본 개념 테스트를 통과하지 못했다면,
교과서·개념교재·응용교재를 보며 이 단원을 다시 공부하세요!

① 평면도형을 다양한 방향으로 '밀기'를 하면 도형의 모양이 어떻게 바뀌나요? 그림을 그려 설명하세요.

② 평면도형을 오른쪽, 왼쪽, 위쪽, 아래쪽으로 '뒤집기'를 하면 모양이 어떻게 바뀌나요? 그림을 그려 설명하세요.

정답과 풀이 03쪽

3 평면도형을 시계 방향으로 90°, 180°, 270°, 360°만큼 돌렸을 때 모양을 그리고, 시계 반대 방향으로 90°, 180°, 270°, 360°만큼 돌렸을 때와 비교해서 설명하세요.

4 평면도형을 오른쪽으로 뒤집은 후 시계 방향으로 90°만큼 돌리면 모양이 어떻게 되나요? 그림을 그려 설명하세요.

가 | 여러 번 돌리기(회전하기)와 뒤집기(대칭)

1. 90°씩 4번을 돌리면 360°이므로 원래 모양으로 돌아옵니다.

   → 90°씩 계속 돌리면 4번마다 원래 모양으로 돌아옵니다.

   예) 90°씩 7번 돌리면 90°씩 3번 돌린 것과 같습니다.

2. (시계 방향으로 90° 돌리기)＝(시계 반대 방향으로 270° 돌리기)

   (시계 방향으로 180° 돌리기)＝(시계 반대 방향으로 180° 돌리기)

   (시계 방향으로 270° 돌리기)＝(시계 반대 방향으로 90° 돌리기)

3. 2번 뒤집으면 원래 방향으로 돌아옵니다.

   → (2번 뒤집기)＝(0번 뒤집기)

   → (짝수 번 뒤집기)＝(0번 뒤집기), (홀수 번 뒤집기)＝(1번 뒤집기)

예제

다음 도형을 시계 방향으로 90°만큼 23번 돌렸을 때의 모양을 그리시오.

분석

1 90°씩 4번을 돌리면 360°이므로 원래 모양으로 돌아옵니다.

2 시계 방향으로 270°만큼 돌리는 건 시계 반대 방향으로 90°만큼 돌리는 것과 같습니다.

풀이

1 90°씩 4번 돌릴 때마다 원래 모양으로 돌아오므로, 20번 돌리면 원래 모양이 됩니다. 따라서 90°씩 23번 돌리는 건 90°씩 3번 돌리는 것과 같습니다.

2 시계 방향으로 90°만큼 3번 돌리는 것은 시계 반대 방향으로 90°만큼 돌리는 것과 같습니다. 따라서 도형을 시계 반대 방향으로 90°만큼 돌려 완성합니다.

가 1 다음 도형을 시계 반대 방향으로 $90°$씩 17번 돌린 모양을 그리시오.

가 2 다음 도형을 왼쪽으로 7번 뒤집은 모양을 그리시오.

7번 다 뒤집으면...
바보!

4단원 평면도형의 이동 | **33**

여러 가지 방법으로 도형 움직이기

밀고, 돌리고, 뒤집기!

예제

할 게 많아 보이는 걸?

다음 도형을 시계 반대 방향으로 270°만큼 9번 돌리고,
오른쪽으로 11번 뒤집은 모양을 그리시오.

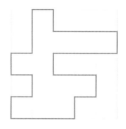

분석

1 시계 반대 방향으로 270°를 돌리는 건 시계방향으로 90°만큼 돌리는 것과 같습니다.

2 90°씩 4번을 돌리면 360°이므로 원래 모양으로 돌아옵니다.

3 2번 뒤집으면 원래 방향으로 돌아옵니다.

개요

시계 반대 방향으로 270°만큼 9번 돌린 후 오른쪽으로 11번 뒤집기

풀이

1 시계 반대 방향으로 270°씩 9번 돌리기는 시계 방향으로 90°씩 9번 돌리는 것과 같습니다.

2 90°씩 4번 돌릴 때마다 원래 모양으로 돌아오므로, 8번 돌리면 원래 모양이 됩니다. 따라서 90°씩 9번 돌리는 건 90°씩 1번 돌리는 것과 같습니다. 따라서 시계 방향으로 90°씩 1번 돌립니다.

3 2번 뒤집을 때마다 원래 모양으로 돌아오므로, 오른쪽으로 10번 뒤집으면 원래 모양으로 돌아옵니다. 따라서 오른쪽으로 11번 뒤집는 건 오른쪽으로 1번 뒤집는 것과 같습니다.

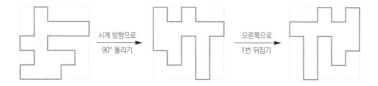

나 1 다음 도형을 시계 반대 방향으로 90° 씩 11번 돌리고, 아래쪽으로 5번 뒤집은 모양을 그리시오.

나 2 다음 도형을 시계 방향으로 270° 만큼 3번 돌리고, 왼쪽으로 9번 뒤집은 모양을 그리시오.

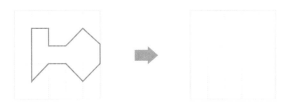

최대한 덜 움직이게
머리를 굴려 봐.

6 규칙 찾기

1 규칙이 있는 수의 배열표를 만들고 규칙을 설명하세요.

2 규칙이 있는 도형의 배열을 그리고 규칙을 설명하세요.

❸ 규칙이 있는 계산식을 만들고 규칙을 설명하세요.

가 | 일정하게 늘어나는 규칙 찾기 ①

오, 비교적 단순한
규칙인걸?

예제

진짜 바둑돌을
늘어놓아도 좋아!

아래 그림과 같이 바둑돌을 정삼각형 모양으로 배열할 때, □번째 삼각형을 만드는 데
필요한 바둑돌의 개수를 구하시오.

첫 번째   두 번째   세 번째   네 번째

분석

1 나열을 잘 관찰하여 규칙을 찾아봅니다.

2 주어진 상황을 표로 정리해 봅니다.

풀이

삼각형을 만드는 데 필요한 바둑돌의 개수를 표로 정리해 봅니다.

첫 번째 삼각형	1
두 번째 삼각형	1+2=3
세 번째 삼각형	1+2+3=6
네 번째 삼각형	1+2+3+4=10
다섯 번째 삼각형	1+2+3+4+5=15
⋮	
□번째 삼각형	1+2+3+⋯+□

즉 □번째 삼각형을 만드는 데 필요한 검은 바둑돌의 개수는
1+2+3+⋯+□(개)입니다.

가 1 그림과 같이 작은 정사각형을 만들어 봅니다. 열 번째 순서에 쌓여 있는 정사각형의 개수를 구하시오.

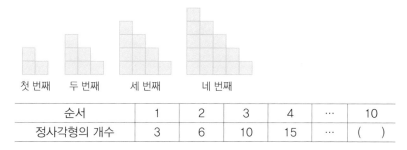

첫 번째   두 번째   세 번째   네 번째

순서	1	2	3	4	⋯	10
정사각형의 개수	3	6	10	15	⋯	( )

가 2 다음과 같이 수 카드를 늘어놓았습니다. 다음 물음에 답하시오.

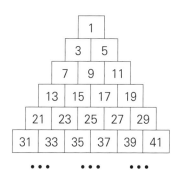

1) 아홉 번째 줄의 첫 번째 수를 구하시오.

2) 아홉 번째 줄의 모든 수의 합을 구하시오.

얼마씩 늘어나는지 잘 살펴봐!

일정하게 늘어나는 규칙 찾기 ②

약간 복잡해진 느낌?

예제

책상 1개에 의자를 2개씩 놓는 경우, 책상이 □개일 때 의자의 개수를 구하시오.

생각해야 할 규칙이 한 개가 아니야.

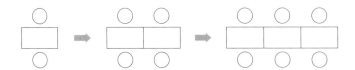

분석

1 나열을 잘 관찰하여 규칙을 찾아봅니다.

2 주어진 상황을 표로 정리해 봅니다.

풀이

책상 1개마다 의자는 2개씩 놓아야 합니다. 이를 토대로 직접 세어 봅니다.

책상의 개수	의자의 개수
1	2
2=1+1	4=2+2=2×2
3=1+1+1	6=2+2+2=2×3
4=1+1+1+1	8=2+2+2+2=2×4
5=1+1+1+1+1	10=2+2+2+2+2=2×5
⋮	
□	2×□

책상이 □개일 때, 의자의 개수는 2×□(개)입니다.

나 1 다음과 같은 규칙으로 바둑알을 늘어놓아 도형을 만들었습니다. 다음 물음에 답하시오.

첫 번째   두 번째   세 번째   네 번째

1) 스무 번째 도형의 바둑알의 개수를 구하시오.

2) 60개의 바둑알로 만들 수 있는 도형은 몇 번째 도형인지 구하시오.

나 2 그림과 같이 작은 정사각형을 모아 큰 도형을 만듭니다. 가로는 3줄씩, 세로는 2줄씩 늘어납니다. 열 번째 도형 속 작은 정사각형의 개수는 몇 개입니까?

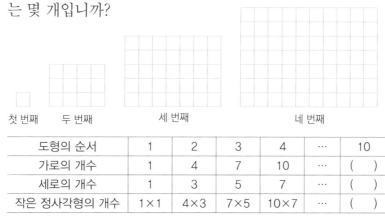

첫 번째   두 번째   세 번째   네 번째

도형의 순서	1	2	3	4	…	10
가로의 개수	1	4	7	10	…	( )
세로의 개수	1	3	5	7	…	( )
작은 정사각형의 개수	1×1	4×3	7×5	10×7	…	( )

표를 그리면
규칙을 찾기 편해.

성냥개비 도형 규칙 찾기

손으로 쓱쓱,
그림을 그려 봐.

예제

그림과 같이 성냥개비를 사용하여 사각형을 만들려고 합니다. 서른 번째 사각형에는 몇 개의 성냥개비가 필요한지 구하시오.

기존 사각형에
성냥개비를
붙이는걸?

첫 번째	두 번째	세 번째	네 번째

사각형 개수	1	2	3	4	⋯	30
성냥개비 개수	4	7	10	13	⋯	( )

분석

1 규칙을 찾아봅니다. 처음 사각형을 만들 때는 성냥개비 4개가 필요하지만,

사각형이 1개씩 늘어날 때 성냥개비의 개수는 3개씩 늘어납니다.

2 찾은 규칙을 표로 정리해 보거나, 식을 세워 봅니다.

풀이

처음 사각형을 만들 때 성냥개비 4개가 필요합니다.

여기에 다음 사각형을 붙이기 위해서는 성냥개비가 3개 필요합니다.

즉, 사각형이 1개 늘어날 때마다 성냥개비는 3개씩 늘어납니다.

□번째 사각형의 성냥개비 개수는 $4+3\times(\square-1)$(개)입니다.

이를 표로 정리해 봅니다.

사각형 개수	성냥개비 개수
1	4
2	$4+3=7$
3	$4+3+3=10$
⋮	
□	$4+3\times(\square-1)$

서른 번째 사각형에는 $4+3\times29=91$(개)의 성냥개비가 필요합니다.

다 1 그림과 같이 성냥개비를 이용하여 팔각형을 만들려고 합니다. 팔각형을 20개 만들 때 필요한 성냥개비의 개수를 구하시오.

팔각형 개수	1	2	3	4	…	20
성냥개비 개수	8	15	22	29	…	( )

다 2 다음 그림과 같이 성냥개비로 삼각형을 만들어 갑니다. 이 도형들 속에서 한 변이 성냥개비 1개인 삼각형(△ 또는 ▽)의 개수를 세어 보면, 첫 번째는 삼각형이 1개, 두 번째는 삼각형이 4개, 세 번째는 9개입니다. 열 번째 도형 속에 들어 있는 한 변이 성냥개비 1개인 삼각형의 개수를 구하시오.

   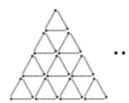

삼각형을 모양별로
생각해 보면 어때?

분수 속 규칙 찾기

생각만큼
어렵지 않을걸?

예제

분수라고
겁 먹지 말고
천천히 살펴봐.

다음과 같은 분수를 늘어놓았을 때, 스무 번째 분수를 구하시오.

$$\frac{3}{2} , \ \frac{5}{5} , \ \frac{7}{8} , \ \frac{9}{11} , \ \frac{11}{14} \ \cdots$$

분석

1 분수 문제입니다. 분수를 이리저리 뜯어 보며, 어떻게 접근할 수 있는지 생각해 봅니다.

2 분자와 분모를 따로 놓고 보니 규칙이 보입니다.

풀이

분수의 크기로는 답을 찾기 힘듭니다. 따라서 분모와 분자를 따로 놓고 봅니다.

분모는 2, 5, 8, 11, 14, …로 3씩 늘어납니다.

분자는 3, 5, 7, …로 2씩 늘어납니다.

따라서 스무 번째 분수는 첫 번째 분수의 분자에 2를 19번 더하고, 분모에는 3을 19번 더하면 나옵니다.

스무 번째 분모는 2+3×19=59입니다.

스무 번째 분자는 3+2×19=41입니다.

따라서 (스무 번째 분수)=$\frac{41}{59}$

한 가지 규칙을 찾는 문제입니다.

 1 다음과 같이 분수를 늘어놓았습니다. 스무 번째 분수를 구하시오.

$$\frac{2}{99}, \ \frac{6}{97}, \ \frac{10}{95}, \ \frac{14}{93}, \ \frac{18}{91}, \ \cdots$$

 2 다음과 같이 분수를 늘어놓았습니다. 열한 번째 분수를 구하시오.

$$\frac{1}{2}, \ \frac{1}{5}, \ \frac{2}{10}, \ \frac{3}{17}, \ \frac{5}{26}, \ \frac{8}{37}, \ \frac{13}{50}, \ \frac{21}{65}, \ \cdots$$

분자의 규칙이
감이 오니?

재미난 놀이라고
생각해!

예제

아래 그림의 〈보기〉에서 보라색과 분홍색 사각형은 밑으로 1칸씩, 연두색과 주황색 사각형은 밑으로 2칸씩 움직입니다. 〈보기〉를 참고하여 규칙을 구하고 네 번째 도형에 올바른 색을 칠하시오.

〈보기〉

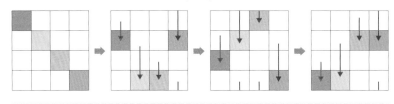

사각형을 쭉쭉
밀어 보자!

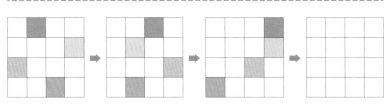

분석

1 도형의 이동에 관한 문제입니다.

2 각 색깔의 도형이 어떤 방향으로 어떻게 움직이는지 찾아내야 합니다.

3 각 색깔의 도형의 상하좌우의 움직임을 찾아냅니다.

풀이

각 색깔의 도형의 움직임은 서로 독립적입니다. 따라서 하나하나 살펴봅니다.

1 보라색은 오른쪽으로 1칸씩 움직입니다.

2 연두색은 오른쪽으로 2칸씩 움직입니다.

3 분홍색은 왼쪽으로 1칸씩 움직입니다.

4 주황색은 왼쪽으로 한 칸씩 움직입니다.

따라서 네 번째 도형에 올바른 색을 칠하면 다음과 같습니다.

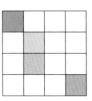

다음과 같은 규칙으로 바둑돌을 늘어놓을 때, 다음 물음에 답하시오.

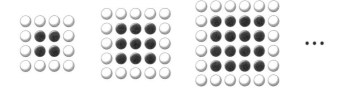

1) 검은 바둑돌이 256개일 때, 흰 바둑돌의 개수는?

2) 흰 바둑돌이 44개일 때, 검은 바둑돌의 개수는?

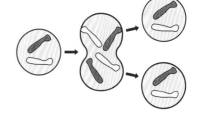 세포가 반으로 갈라져 2개가 되는 현상을 '세포분열'이라 합니다. 어떤 세포가 30분마다 세포분열을 하여 1마리에서 2마리가 됩니다. 지연이가 아침 10시에 현미경으로 세포 1개를 관찰한 후, 오후 3시에 다시 관찰했습니다. 지연이는 비커 속에서 몇 개의 세포를 볼 수 있습니까?

생각보다 세포가
엄청 많아질걸?

열려라 심화

심화종합

심화종합 ① 세트

문제가 골고루
섞여 있어!

1 어떤 수에서 3억 5000만씩 커지게 4번 뛰어 세거나, 혹은 작아지게 4번 뛰어 센 수는 16억 5000만입니다. 어떤 수에서 2억씩 커지게 3번 뛰어 센 수를 모두 구하시오.

2 그림에서 찾을 수 있는 둔각은 모두 몇 개입니까?

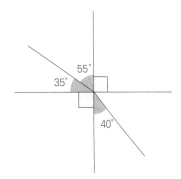

3 다음의 조건을 만족하는 어떤 수를 모두 구하시오.

- 세 자리 수입니다.
- 77로 나누었을 때 나머지는 몫보다 1만큼 작습니다.
- 77로 나누었을 때 몫은 두 자리 수입니다.

4 다음과 같이 눈금만 있고 숫자는 없는 시계가 있습니다. 이 시계가 2시를 가리킬 때 거울에 비춰 보았더니, 실제 시각과 거울에 비친 시각의 차이는 4시간 또는 8시간입니다. 실제 시각과 거울에 비친 시각의 차이가 2시간 또는 10시간일 때, 실제 시각을 모두 구하시오.

실제 시간 **2시**

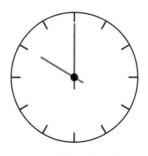
거울에 비친 시간 **10시**

심화종합 (1) 세트

5 일정한 규칙으로 블록을 늘어놓았습니다. 첫 번째부터 열 번째까지 놓았을 경우, 전체 블록에서 파란색 블록과 노란색 블록 중 어느 색깔의 블록이 몇 개 더 많은지 구하시오.

첫 번째   두 번째   세 번째   네 번째

6 준완이가 요일별 수학을 공부한 시간을 조사하여 이를 막대그래프로 그리려 합니다. 5일 동안 수학을 공부한 시간이 240분이고, 월요일에 수학을 공부한 시간이 50분입니다. 화요일에 수학을 공부한 시간은 몇 분이며, 어떻게 그려야 합니까?

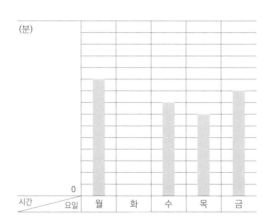

7 다음 도형을 오른쪽으로 100번 뒤집은 후에 위쪽으로 15번 뒤집고, 시계 방향으로 90°씩 9번 돌린 도형을 그리시오.

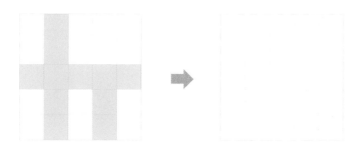

정말
수고했어!

이렇게 보니깐
색다른걸?

1 ㉠, ㉡, ㉢은 2부터 9까지의 수 중 서로 다른 숫자입니다. ㉠, ㉡, ㉢이 모두
홀수일 때, 두 자리 수 ㉠㉡이 ㉢으로 나누어떨어지는 식의 개수를 구하시오.

2 크기가 서로 다른 정사각형 모양의 종이 3장을 다음과 같이 겹쳐 놓았습니
다. 이때 ㉠의 각도를 구하시오.

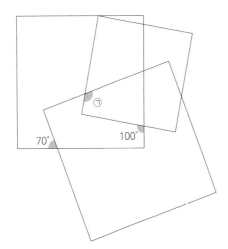

3 0에서 9까지의 숫자를 한 번씩만 사용하여 다음 조건을 만족하는 10자리 수를 만들려고 합니다. 만들 수 있는 수 중 가장 큰 수를 구하시오.

> ㉠ 천의 자리 숫자는 백의 자리 숫자의 3배입니다.
> ㉡ 만의 자리 숫자는 천의 자리 숫자의 2배입니다.
> ㉢ 억의 자리 숫자는 십만의 자리 숫자의 4배입니다.

4 다음과 같은 규칙에 따라 바둑돌을 늘어놓았습니다. 여덟 번째에 놓일 흰 바둑돌의 수와 여덟 번째에 놓일 검은 바둑돌의 수의 차를 구하시오.

   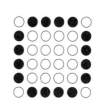 ...

심화종합 ②세트

5 송화네 모둠 친구들이 각각 10개의 농구공을 던져서 농구대에 들어간 공의 개수와 들어가지 않은 공의 개수를 막대그래프로 그렸습니다. 기본 점수 20점에서 시작하여 공이 한 개씩 들어갈 때마다 2점을 얻고, 들어가지 않을 때마다 1점이 감점됩니다. 점수가 가장 높은 사람은 누구이고 몇 점입니까?

들어간 공과 들어가지 않은 공의 수

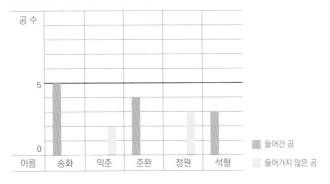

6 은혜는 50000원이 들어 있는 저금통에 하루에 1000원씩, 장우는 24000원이 들어 있는 저금통에 하루에 1200원씩 저금을 하려고 합니다. 장우의 저금액이 은혜의 저금액보다 처음으로 많아지는 날은 저금을 시작한 날로부터 며칠째 되는 날입니까?

7 직사각형 모양의 종이를 접은 것입니다. 각 ㄴㅂㅁ의 크기를 구하시오.

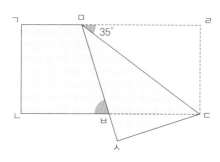

다음 세트로
Go! Go!

심화종합 3 세트

잘 모르겠으면, 앞의 단원으로
돌아가서 복습!

1 ㉠과 ㉡의 각도의 합을 구하시오.

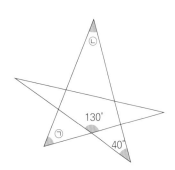

2 도로 양쪽에 처음부터 끝까지 100개의 가로등을 5m 간격으로 설치하려 했습니다. 그런데 너무 많은 가로등을 사용한다고 판단하여 가로등의 간격을 7m로 늘리기로 결정했습니다. 도로의 양쪽에 가로등을 처음부터 끝까지 7m 간격으로 설치한다면, 5m 간격으로 설치했을 때보다 몇 개의 가로등을 덜 설치해도 됩니까? (단, 가로등의 두께는 생각하지 않습니다.)

3 다음은 재학이네 반 학생 11명이 윷가락을 던져서 나온 모양을 조사하여 나타낸 막대그래프입니다.

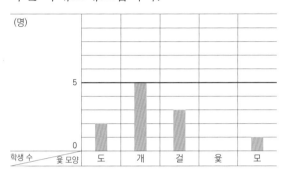

다음은 막대그래프가 그려진 다음, 이어서 3명의 학생이 윷가락을 던졌을 때의 결과입니다.

> ① 14명 학생이 윷가락을 던진 후, 윷가락 모양 5가지가 나온 횟수가 모두 다릅니다.
>
> ② '개'가 나온 학생은 6명입니다.
>
> ③ 나중에 던진 3명의 윷 모양은 서로 다릅니다.

도는 1점, 개는 2점, 걸은 3점, 윷은 4점, 모는 5점일 때, 14명 학생의 점수의 합을 구하시오.

심화종합 ③ 세트

4 다음의 달력에서 가로 2칸, 세로 2칸(노란색으로 표시)을 잡아 안에 있는 4개의 수를 모두 더하면 32입니다. 같은 모양으로 4개의 수를 더했을 때, 96이 되는 4개의 수 중 두 번째로 큰 수를 구하시오.

일	월	화	수	목	금	토
1	2	3	4	5	6	7
8	9	10	11	12	13	14
15	16	17	18	19	20	21
22	23	24	25	26	27	28
29	30	31				

5 다음을 모두 만족하는 수 중에서 가장 큰 수를 ㉠, 가장 작은 수를 ㉡이라고 했을 때 ㉠ - ㉡의 값을 구하시오.

- 각 자리의 숫자의 합이 22인 10자리 수입니다.
- 각 자리에는 0, 2, 4, 8 숫자가 모두 있고, 그 외의 다른 숫자는 없습니다.

6 시계가 4시 10분을 가리킬 때, 두 바늘이 이루는 각 중 작은 쪽의 각도를 구하시오.

7 다음 그림에서 각 ㄴㄱㄷ의 크기를 구하시오.

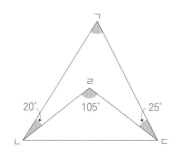

이제 절반
지났어!

심화종합 4 세트

오답 노트를
만들어 봐.

1 다음 도형에서 ㉠의 각도를 구하시오.

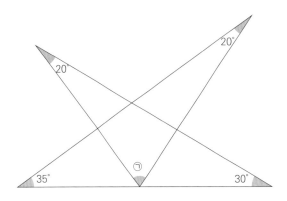

2 규칙을 정하여 수를 늘어놓았습니다. 열아홉 번째와 스무 번째 놓이는 수를
구하시오.

1 2 3 4 7 6 13 8 21 10 31 12 …

3 18로 나누었을 때 몫과 나머지의 합이 가장 큰 두 자리 수와 세 자리 수를 각각 구하시오.

4 다음과 같은 규칙으로 수를 늘어놓았습니다. 열 번째 줄의 오른쪽에서 세 번째 수를 구하시오.

	1		
	2	3	
4	5	6	
7	8	9	10
	...		

심화종합 **4** 세트

5 각 ㄱㄴㅁ이 각 ㅁㄴㄷ보다 10°만큼 클 때, ㉠의 각도를 구하시오.

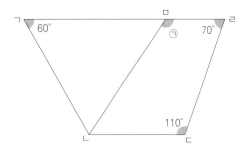

6 아래와 같이 행은 5행으로 고정되어 있고 열은 오른쪽으로 늘어나는 표에 일정한 규칙으로 수를 늘어놓았습니다. 이 표에서 2행 3열의 수는 12입니다. 3행 30열의 수를 구하시오.

	1열	2열	3열	4열	5열	6열	⋯
1행	1	10	11	20	21	30	⋯
2행	2	9	12	19	22	29	⋯
3행	3	8	13	18	23	28	⋯
4행	4	7	14	17	24	27	⋯
5행	5	6	15	16	25	26	⋯

7 준이는 3시 35분에 버스를 타서 4시 20분에 내렸습니다. 준이가 버스를 타고 있는 동안 시계의 긴 바늘이 움직인 각도는 몇 도입니까?

고지에 거의
다 왔어!

심화종합 5 세트

이제 조금
알 것 같지?

1 그림과 같이 성냥개비로 정육각형 모양을 39개 만들었습니다. 이때 필요한 성냥개비는 몇 개입니까?

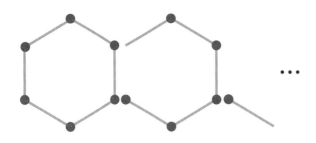

· · ·

2 정삼각형 모양의 종이를 꼭짓점 ㄱ과 ㄴ이 ㅇ으로 가도록 접었습니다. 각 ㄱ ㄹㅁ의 크기를 구하시오.

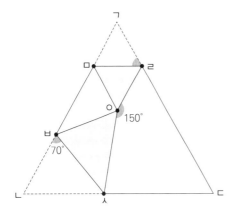

3 15는 연속하는 다섯 개의 수 1, 2, 3, 4, 5의 합입니다. 이와 같이 110을 연속하는 5개의 수의 합으로 나타낼 때, 5개의 수를 구하시오.

$$1+2+3+4+5=15$$
____ + ____ + ____ + ____ + ____ + =110

4 다음 그림과 같이 정사각형을 2개 붙여 놓은 모양의 목장에 말뚝을 박으려고 합니다. 모든 변에 같은 간격으로 말뚝을 박되, 꼭짓점에는 반드시 말뚝을 박습니다. 마련된 말뚝은 100개밖에 없습니다. 정사각형 한 변에 말뚝을 최대 몇 개까지 박을 수 있습니까? (단, 한 변에 박히는 말뚝의 수는 꼭짓점에 박은 말뚝도 포함합니다.)

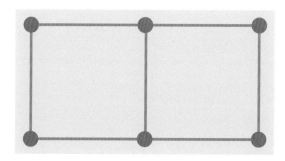

5 그림과 같은 규칙으로 100개의 바둑돌을 놓았을 때, 흰색 바둑돌은 모두 몇 개입니까?

6 다음 그림과 같이 피라미드 모양으로 공을 쌓았습니다. 각 층마다 쌓인 공의 개수는 어떤 규칙을 가지고 있는지 찾고, 이런 방식으로 10층까지 쌓았을 때 1층 공의 개수를 구하시오.

7 그림과 같이 바둑돌을 배열할 때, 열두 번째 모양의 검은 바둑돌의 개수를 구하시오.

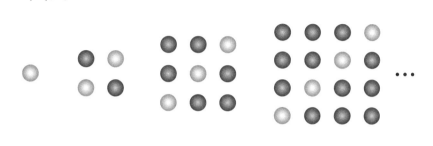

열려라
심화

실력 진단 테스트

실력 진단 테스트

정답과 풀이 23쪽

 45분 동안 디음의 15문제를 풀어 보세요.

1 백만 자리 숫자가 7, 십만 자리 숫자가 4인 일곱 자리의 수는 모두 몇 개입니까?

① 100000개　　② 10000개　　③ 1000개　　④ 100개　　⑤ 10개

2 영준이네 가족은 1년 동안 100원짜리 동전을 6840개 모았습니다. 이 돈을 은행에서 십만 원짜리 수표, 만 원짜리 지폐, 천 원짜리 지폐로 바꾸려고 합니다. 수표와 지폐의 전체 수를 가장 적게 하려면 각각 몇 장으로 바꿔야 하는지 구하시오.

십만 원짜리: _____장

만 원짜리: _____장

천 원짜리: _____장

3 2475942를 1000배 한 수의 일억 자리 숫자와, 그 숫자가 나타내는 수를 쓰시오.

4 숫자 0, 2, 3, 6, 7, 8을 두 번까지 사용하여 열한 자리 수를 만들려 합니다. 700억에 가장 가까운 수를 구하시오.

5 직각 삼각자의 점 ㄱ을 고정시키고, 시계 반대 방향으로 45°만큼 회전시켰습니다. 각 ㉠의 크기를 구하시오.

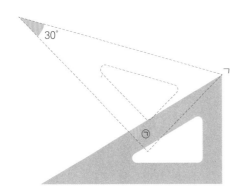

6 시계가 12시 20분을 가리킬 때, 짧은 바늘과 긴 바늘이 이루는 작은 쪽의 각도를 구하시오.

7 어느 공장에서 장난감 1개를 만드는 데에 20분이 걸린다고 합니다. 이와 같은 빠르기로 오전 9시부터 오후 5시까지 쉬지 않고 장난감을 만든다면, 모두 몇 개를 만들 수 있습니까?

8 지금 시각은 1시 30분입니다. 지금부터 268분 후는 몇 시 몇 분이 되겠습니까?

9 시후가 396분 동안 책을 쉬지 않고 읽은 후 시계를 봤더니 오전 11시 47분이었습니다. 시후가 책을 읽기 시작한 시각은 몇 시 몇 분입니까?

10 다음 나눗셈에서 △ 안에는 모두 같은 숫자가 들어갑니다. 이 나눗셈의 나머지가 8일 때, 나누어지는 수를 구하시오.

$$\triangle\,\triangle\,\triangle \div \triangle\,\triangle$$

11 처음 그림을 주어진 방향으로 5번 돌리기 하여 가운데 모눈종이에 그리고, 가운데 도형을 다시 오른쪽으로 1번 뒤집어 오른쪽 모눈종이에 그리시오.

5번

12 왼쪽 도형을 1번 움직인 후, 시계 반대 방향으로 90°만큼 2번 돌렸더니 오른쪽 도형이 되었습니다. 왼쪽 도형을 처음에 어떻게 움직였습니까?

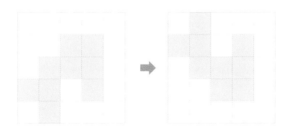

13 다음 도형을 시계 방향으로 90° 만큼 3번 돌린 후 오른쪽으로 뒤집으면, 다음 중에서 어떤 방법으로 움직인 것과 같습니까?

① 왼쪽으로 뒤집고 시계 반대 방향으로 90°만큼 돌리기

② 아래쪽으로 뒤집고 시계 반대 방향으로 90°만큼 돌리기

③ 시계 방향으로 270°만큼 돌리고 오른쪽으로 밀기

④ 시계 반대 방향으로 180°만큼 돌리고 오른쪽으로 뒤집기

14 일정한 규칙으로 다음과 같이 수를 나열했습니다. 일곱 번째 수를 구하시오.

5, 8, 11, 14 …

15 그림과 같이 바둑돌을 일정한 규칙에 따라 늘어놓았습니다. 서른여섯 번째
에는 몇 개의 바둑돌을 놓아야 하는지 구하시오.

실력 진단 결과

· 정답과 풀이 26쪽 참고

채점을 한 후, 다음과 같이 점수를 계산합니다.

(내 점수)=(맞은 개수)×6+10(점)

내 점수: _____ 점

점수에 따라 무엇을 하면 좋을까요?

90점~100점: 틀린 문제만 오답하세요.

80점~90점: 틀린 문제를 오답하고, 여기에 해당하는 개념을 찾아 복습하세요.

70점~80점: 이 책을 한 번 더 풀어 보세요.

60점~70점: 개념부터 차근차근 다시 공부하세요.

50점~60점: 개념부터 차근차근 공부하고, 재밌는 책을 읽는 시간을 많이 가져 보세요.

지은이 **류승재**

고려대학교 수학과를 졸업했습니다. 25년째 수학을 가르치고 있습니다. 최상위권부터 최하위권까지, 재수생부터 초등부까지 다양한 성적과 연령대의 아이들에게 수학을 가르쳤습니다. 교과 수학뿐만 아니라 사고력 수학·경시 수학·SAT·AP·수리논술까지 다양한 분야의 수학을 다루었습니다.
수학 공부의 바이블로 인정받는《수학 잘하는 아이는 이렇게 공부합니다》를 썼고, 더 체계적이고 구체적인 초등 수학 공부법을 공유하기 위해《초등수학 심화 공부법》을 썼습니다. 유튜브 채널「공부머리 수학법」과 강연, 칼럼 기고 등 다양한 활동을 통해 수학 잘하기 위한 공부법을 나누고 있습니다.

유튜브「공부머리 수학법」
네이버카페「공부머리 수학법」
책을 읽고 궁금한 내용은 네이버카페에 남겨 주세요.

초판 1쇄 발행 2022년 9월 15일
신판 1쇄 발행 2024년 2월 25일

지은이 류승재

펴낸이 金昇芝
편집 김도영 노현주
디자인 별을잡는그물 양미정

펴낸곳 블루무스에듀
전화 070-4062-1908
팩스 02-6280-1908
주소 경기도 파주시 경의로 1114 에펠타워 406호
출판등록 제2022-000085호
이메일 bluemoose_editor@naver.com
인스타그램 @bluemoose_books

ⓒ 류승재 2022

ISBN 979-11-91426-55-7 (63410)

생각의 힘을 기르는 진짜 공부를 추구하는 블루무스에듀는 블루무스 출판사의 어린이 학습 브랜드입니다.

열려라 심화

초등수학

4-1

정답과 풀이

기본 개념 테스트

2단원 각도

•10쪽~11쪽

채점 전 지도 가이드

기본 개념 자체는 쉽기에 간단히 점검하고 넘어갈 수 있는 단원입니다. 만약 개념 테스트를 제대로 풀지 못한다면, 단순히 문제나 개념을 다시 외우게 지도하기보다는 각도기와 자를 이용해 각도를 직접 재거나 각도를 정확하게 그려 보고 종이를 오리고 돌리는 등의 활동을 충분히 시켜야 합니다. 그래야 이 단원의 온갖 개념을 정확히 머리에 넣을 수 있습니다. 교과서에서도 그렇게 공부하도록 지도합니다.

1.

0°보다 크고 직각보다 작은 각을 예각이라고 합니다.
직각보다 크고 180°보다 작은 각을 둔각이라고 합니다.

2.

수 그대로 더하고 뺍니다.
$180° + 40° = 220°$
$360° - 100° = 260°$

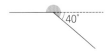

3.

삼각형의 세 각을 모으면 일직선이 됩니다. 일직선이 이루는 각은 180°이므로, 삼각형의 세 각의 크기의 합은 180°입니다.

4.

사각형을 2개의 삼각형으로 나눕니다. 삼각형의 세 각의 크기의 합은 180°이므로, 사각형의 네 각의 크기의 합은 $180° + 180° = 360°$입니다.

잠깐! 부모 가이드

교과서에서 소개하는 사각형의 네 각의 크기의 합을 알아보는 활동은 두 가지입니다. 사각형을 직접 잘라 네 꼭짓점이 한 점에 모이도록 이어 붙이는 활동, 그리고 사각형을 2개의 삼각형으로 나누어 삼각형의 세 각의 크기의 합이 180°라는 사실을 이용해 계산하는 활동입니다. 둘 중 어떤 것을 이야기해도 정답은 맞지만, 삼각형의 세 각의 크기의 합을 이용하는 과정까지 적어야 정답으로 합니다. 이 사실을 이용해 이후 여러 다각형의 내각의 크기의 합을 찾는 것처럼, 하나의 값을 이용해 다른 값을 찾아 가는 능력은 이후 수학 문제를 해결할 때 중요한 능력이기 때문입니다.

3단원 곱셈과 나눗셈

•20쪽~21쪽

채점 전 지도 가이드

3학년 2학기 1단원에서 이미 배운 내용들로, 기본적인 연산 규칙만 정확히 알면 무난하게 풀 수 있는 문제들입니다.

1.

1) $26 = 20 + 6$이므로

$$327 \times 20 = 6540$$
$$327 \times 6 = 1962$$
$$6540 + 1962 = 8502$$

잠깐! 부모 가이드

분배법칙, 즉 $(\square + \triangle) \times \bigcirc = \square \times \bigcirc + \triangle \times \bigcirc$임을 알고 있는지 확인하는 문제입니다. 단순히 답을 내는 게 중요하지 않고, 327×20과 327×6이라는 식을 쓰는지 확인해야 합니다.

2)

$$
\begin{array}{r}
327 \\
\times \quad 26 \\
\hline
1962 \leftarrow 327 \times 6 \\
6540 \leftarrow 327 \times 20 \\
\hline
8502
\end{array}
$$

2.

1)

$$
\begin{array}{r}
25 \\
25 \overline{)637} \\
50 \\
\hline
137 \\
125 \\
\hline
12
\end{array}
$$

2) (나누는 수)×(몫)+(나머지)=(나누어지는 수)입니다.
따라서 25×25+12=637

4단원 평면도형의 이동
·30쪽~31쪽

1.

도형을 어느 방향으로 밀어도 모양은 변하지 않습니다.

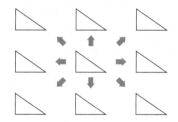

2.

도형을 오른쪽이나 왼쪽으로 뒤집으면, 도형의 위쪽과 아래쪽은 변하지 않지만 오른쪽과 왼쪽이 바뀝니다.

도형을 위쪽이나 아래쪽으로 뒤집으면, 도형의 오른쪽과 왼쪽은 변하지 않지만 위쪽과 아래쪽은 바뀝니다.

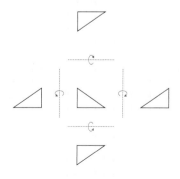

3.

도형을 시계 방향으로 돌리면 도형의 위쪽이 오른쪽→아래쪽→왼쪽→위쪽으로 바뀝니다.

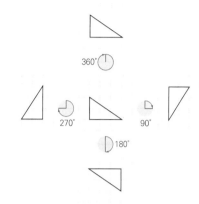

도형을 시계 반대 방향으로 돌리면 도형의 위쪽이 왼쪽→아래쪽→오른쪽→위쪽으로 바뀝니다.

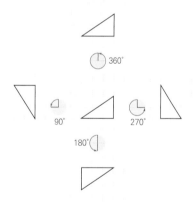

시계 방향으로 90° 돌리는 것은 시계 반대 방향으로 270° 돌리는 것과 같습니다.

시계 방향으로 270° 돌리는 것은 시계 반대 방향으로 90° 돌리는 것과 같습니다.

180°와 360°는 시계 방향과 시계 반대 방향이 똑같습니다.

4.

삼각형을 오른쪽으로 뒤집으면 오른쪽과 왼쪽이 바뀌고, 시계 방향으로 90°만큼 돌리면 위쪽이 오른쪽으로 바뀝니다.

6단원 규칙 찾기
•36쪽~37쪽

채점 전 지도 가이드
기본 개념 테스트의 목적은 직접 규칙을 만들어 보는 것입니다. 직접 규칙을 만드는 것은 기존 규칙을 찾아내는 것보다 훨씬 능동적이고 창의적인 공부입니다. 따라서 답지는 하나의 예시에 불과하며, 정확한 규칙을 세우고 그에 맞게 수를 늘어놓았다면 전부 정답 처리합니다. 만약 아이가 규칙을 만들기 어려워한다면, 교과서를 참고하거나 개념교재 혹은 응용교재에서 인상 깊었던 규칙 찾기 문제들을 써 보게 합니다.

1.

101	111	121	131	141	151
201	211	221	231	241	251
301	311	321	331	341	351
401	411	421	431	441	451
501	511	521	531	541	551

가로는 오른쪽으로 10씩 커집니다.
세로는 아래쪽으로 100씩 커집니다.
대각선은 대각선 아래쪽으로 110씩 커집니다.

2.

첫 번째　　두 번째　　세 번째　　네 번째

정사각형의 변의 길이가 블록 하나씩 늘어나는 규칙입니다.
따라서 정사각형의 개수는 1, 2×2, 3×3, 4×4로 늘어납니다.

3.

순서	덧셈식
첫 번째	1+2+1=2×2=4
두 번째	1+2+3+2+1=3×3=9
세 번째	1+2+3+4+3+2+1=4×4=16
네 번째	1+2+3+4+5+4+3+2+1=5×5=25

가운데 수가 1씩 늘어나고, 좌우로 1씩 줄어든 수를 모두 더하는 규칙을 세울 수 있습니다. 그런데 이것은 덧셈식의 가운데 수를 두 번 곱한 것과 같습니다. 따라서 곱셈식으로 표현할 수도 있습니다.

단원별 심화

2단원 각도
•12쪽~19쪽

가1. 120　**가2.** 60°, 40°　**나1.** 134°　**나2.** 70°
다1. 36°　**다2.** 106°
라1. 시침: 10°, 분침: 120°　**라2.** 80°

가1. ━━━ 단계별 힌트

1단계	예제 풀이를 복습합니다.
2단계	맞꼭지각의 성질을 복습합니다.
3단계	"평각은 180°잖아. 그 성질을 이용해서 구할 수 있는 각을 찾아볼까?"

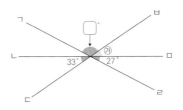

맞꼭지각의 크기는 같으므로,
㉮의 크기는 33°입니다.
한편 평각은 180°이므로, □+33°+27°=180°
따라서 □=120입니다.

가2. ━━━ 단계별 힌트

1단계	예제 풀이를 복습합니다.
2단계	맞꼭지각의 성질을 복습합니다.
3단계	"평각은 180°잖아. 그 성질을 이용해서 구할 수 있는 각을 찾아볼까?"

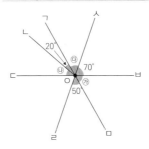

맞꼭지각의 크기는 같으므로, ㉯의 크기는 50°입니다.
한편 평각은 180°이므로 다음과 같습니다.
㉮+50°+70° → ㉮=60°

$\oplus$+20°+50°+70°=180° → $\oplus$=40°

나1.
단계별 힌트

1단계	예제 풀이를 복습합니다.
2단계	삼각형의 외각의 성질을 복습합니다.
3단계	"평각은 180°잖아. 그거랑 외각의 성질을 이용해서 구할 수 있는 각부터 구해 볼까?"

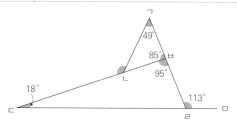

1. 삼각형의 외각의 성질을 이용하면,
삼각형 ㄷㄹㅂ에서 (각 ㄷㅂㄹ)+(각 ㄹㄷㅂ)=(각 ㄱㄹㅁ) 입니다.
따라서 (각 ㄷㅂㄹ)=113°-18°=95°

2. 평각의 성질을 이용하면,
(각 ㄱㅂㄴ)=180°-(각 ㄷㅂㄹ)=180-95=85°입니다.

3. 삼각형의 외각의 성질을 이용하면,
삼각형 ㄱㄴㅂ에서 (각 ㄱㄴㄷ)=(각 ㄱㅂㄴ)+(각 ㄴㄱㅂ)임을 알 수 있습니다.
즉 (각 ㄱㄴㄷ)=85°+49°=134°입니다.

나2.
단계별 힌트

1단계	예제 풀이를 복습합니다.
2단계	삼각형의 외각의 성질을 복습합니다.
3단계	"평각은 180°잖아. 그거랑 외각의 성질을 이용해서 구할 수 있는 각부터 구해 볼까?"

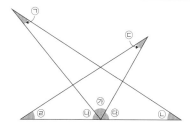

1. 삼각형의 외각의 성질을 이용하여 $\oplus$와 $\oplus$의 크기를 구합니다.
㉠+㉡=$\oplus$=50°, ㉢+㉣=$\oplus$=60°
2. 평각의 성질을 이용하여 ㉮를 구합니다.
㉮+$\oplus$+$\oplus$=180°이므로 ㉮+50°+60°=180°입니다.
따라서 ㉮는 70°입니다.

다1.
단계별 힌트

1단계	삼각형의 외각의 성질을 이용해 봅니다.
2단계	삼각형의 내각의 합은 180°임을 이용해 ▲와 ■가 들어간 식을 세울 수 있습니다.
3단계	▲만 남도록 식을 정리해 봅니다.

1. 삼각형 ㄱㄴㄹ에서 두 내각의 크기는 한 외각의 크기와 같으므로, ▲+▲=■입니다.
2. 각 ㄱㄴㄷ과 각 ㄱㄷㄴ의 크기는 같으므로, 각 ㄱㄷㄴ의 크기도 ■입니다.
3. 삼각형 ㄱㄴㄷ에서 세 내각의 합은 180°이므로
(각 ㄴㄱㄷ)+(각 ㄱㄴㄷ)+(각 ㄱㄷㄴ)=180°입니다.
이를 ▲와 ■로 정리해 봅니다.
→▲+■+■=180°
→▲+(▲+▲)+(▲+▲)=180°
→▲×5=180°
→▲=36°
각 ㄴㄱㄷ의 크기는 36°입니다.

다2.
단계별 힌트

1단계	같은 크기의 각을 ●와 ■ 등으로 표시해 봅니다.
2단계	삼각형의 외각의 성질을 이용해 봅니다.
3단계	삼각형의 내각의 합은 180°임을 이용해 ●와 ■가 들어간 식을 세울 수 있습니다.

1. 크기가 같은 각을 ●와 ■를 이용해 표시해 봅니다.

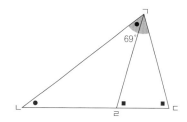

2. 삼각형 ㄱㄴㄹ에서 두 내각의 합은 한 외각의 크기와 같으므로,
●+●=■입니다.
3. 삼각형 ㄱㄴㄷ의 세 내각의 합은 180°이므로
(각 ㄱㄴㄷ)+(각 ㄴㄱㄷ)+(각 ㄴㄷㄱ)=180°
→ ●+69°+■=180°
→ ●+69°+●+●=180°
→ ●+●+●+69°=111°+69°
→ ●×3=111°
따라서 ●=37°, ■=●+●=74°입니다.

(각 ㄹㄱㄷ)=(각 ㄴㄱㄷ)−●=69°−37°=32°

따라서 (각 ㄹㄱㄷ)+(각 ㄱㄷㄹ)=32°+■=32°+74°=106°

라1. _____ 단계별 힌트

1단계	예제 풀이를 복습합니다.
2단계	1시간 동안 시침이 움직이는 각도는 30°, 분침이 움직이는 각도는 360°입니다.
3단계	"10분 동안 움직인 각도를 구하려면 1시간 동안 움직이는 각도를 어떻게 나누어야 할까?"

다혜는 오후 1시부터 1시 20분까지 낮잠을 잤으므로, 낮잠을 잔 시간은 20분입니다.

시침은 1시간(60분)에 30°만큼 움직이므로 10분에 5°만큼 움직입니다. 따라서 20분 동안 움직이는 각도는 5°×2=10°입니다.

분침은 1시간(60분)에 360°만큼 움직이므로 10분에 60°만큼 움직입니다. 따라서 20분 동안 움직이는 각도는 60°×2=120°입니다.

라2. _____ 단계별 힌트

1단계	예제 풀이를 복습합니다.
2단계	1시간 동안 시침이 움직이는 각도는 30°, 분침이 움직이는 각도는 360°입니다.
3단계	"20분 동안 움직인 각도를 구하려면 1시간 동안 움직이는 각도를 어떻게 나누어야 할까?"

시침은 1시간(60분)에 30°만큼 움직이므로 10분에 5°만큼 움직입니다. 따라서 20분 동안 움직이는 각도는 5°×2=10°입니다.

분침은 1시간(60분)에 360°만큼 움직이므로 10분에 60°만큼 움직입니다. 따라서 20분 동안 움직이는 각도는 60°×2=120°입니다.

시침과 분침이 이루는 각도를 구하기 위해, 1시를 기준으로 시침이 움직인 각도를 살펴봅니다.

1시를 기준으로 시침과의 각도는 10°입니다.

1시를 기준으로 분침과의 각도는 120°−30°=90°입니다.

(숫자와 숫자 사이의 각도는 30°이므로)

따라서 시침과 분침이 이루는 작은 쪽의 각도는

90°−10°=80°입니다.

3단원 곱셈과 나눗셈 ·22쪽~29쪽

가1. 751×93 **가2.** 641×83

나1. 368×14 **나2.** 379×15

다1. 8×125, 2×4×125, 5×8×25

다2. 12, 30 **다3.** □=15, ○=30

다4. □=15, ○=2

다5. □=15, ○=4 / □=60, ○=2

다6. □=10, ○=3

가1. _____

1. 가장 큰 숫자인 7, 9 중 작은 숫자인 7을 백의 자리에, 큰 숫자인 9를 십의 자리에 배치합니다. 가장 큰 숫자인 9가 두 자리 수의 십의 자리에 배치되어야, 세 자리 수의 십의 자리와 곱해져서 가장 큰 수를 만들 수 있기 때문입니다.

2. 남아 있는 숫자 중 가장 큰 숫자인 5를 세 자리 수의 십의 자리에 배치하여 9와 곱해지게 하고, 두 번째 큰 숫자인 3을 세 자리 수의 일의 자리에 배치합니다. 그래야 3이 세 자리 수의 백의 자리와 곱해져서 가장 큰 수를 만들 수 있기 때문입니다.

가2. _____

1. 가장 큰 숫자인 6과 8 중 작은 숫자인 6을 세 자리 수의 백의 자리에, 큰 숫자인 8을 두 자리 수의 십의 자리에 배치합니다. 가장 큰 수인 8이 두 자리 수의 십의 자리에 배치되어야, 세 자리 수의 자리와 곱해져서 가장 큰 수를 만들 수 있기 때문입니다.

```
6 4 1
× 8 3
```

2. 남아 있는 숫자 중 가장 큰 숫자인 4를 세 자리 수의 십의 자리에

배치하여 8과 곱해지게 하고, 두 번째로 큰 숫자인 3을 두 자리 수의 일의 자리에 배치합니다. 그래야 3이 세 자리 수의 백의 자리와 곱해져서 가장 큰 수를 만들 수 있기 때문입니다.

나1.

1. 가장 작은 숫자인 1, 3 중 큰 숫자인 3을 세 자리 수의 십의 자리에, 작은 숫자인 1을 두 자리 수의 십의 자리에 넣습니다. 그래야 세 자리 수의 십의 자리에 1이 곱해지므로 가장 작은 수를 만들 수 있기 때문입니다.

2. 남아 있는 숫자 중 가장 작은 숫자인 4를 두 자리 수의 일의 자리에 배치하고, 두 번째 작은 숫자인 6을 세 자리 수의 십의 자리에 배치합니다. 왜냐하면 4가 두 자리 수의 일의 자리에 배치되어야 세 자리 수의 백의 자리와 곱해져서 가장 작은 수를 만들 수 있기 때문입니다.

나2.

1. 가장 작은 숫자 1, 3 중 큰 숫자인 3을 세 자리 수의 백의 자리에, 작은 숫자인 1을 두 자리 수의 십의 자리에 배치합니다. 왜냐하면 가장 작은 숫자 1이 두 자리 수의 십의 자리에 배치되어야, 세 자리 수의 십의 자리와 곱해져서 가장 작은 수를 만들 수 있기 때문입니다.

$$\begin{array}{r} 3\ 7\ 9 \\ \times \quad 1\ 5 \end{array}$$

2. 남아 있는 숫자 중 가장 작은 숫자인 5를 두 자리 수의 일의 자리에 배치하고, 두 번째 작은 숫자인 7을 세 자리 수의 십의 자리에 배치합니다. 왜냐하면 5가 두 자리 수의 일의 자리에 배치되어야 세 자리 수의 백의 자리와 곱해져서 가장 작은 수를 만들 수 있기 때문입니다.

다1.

1단계	1000을 가능한 한 작은 자연수들의 곱으로 쪼갠 후, 숫자들을 서로 곱해 여러 가지 곱을 만들어 봅니다.
2단계	두 자연수 혹은 세 자연수를 곱하여 숫자 0이 나오는 결과를 제외해야 합니다.
3단계	곱에 숫자 0이 들어가면 안 되므로, 곱을 만들 때 2와 5를 곱하여 10을 만들면 안 됩니다.

$1000=10\times10\times10=2\times2\times2\times5\times5\times5$입니다.

1) 두 자연수의 곱으로 나타내면 한 가지 경우가 나옵니다.
$$1000=2\times2\times2\times5\times5\times5=8\times125$$

2) 세 자연수의 곱으로 나타내면 두 가지 경우가 나옵니다.
$$1000=2\times2\times2\times5\times5\times5=4\times2\times125=2\times4\times125$$

$$1000=2\times2\times2\times5\times5\times5=8\times25\times5=5\times8\times25$$

다2.

1단계	360을 2 이상의 가능한 한 작은 자연수들의 곱으로 쪼개 봅니다.
2단계	6으로 나누어떨어지려면 수가 6×□ 꼴이어야 합니다.
3단계	두 수 모두 6보다 크게 되도록 수를 조합해 봅니다.

360을 작은 자연수들의 곱으로 쪼개면 다음과 같습니다.
$360=36\times10=6\times6\times10=6\times6\times2\times5$
6보다 크면서 6으로 나누어떨어지려면 수가 6×□ 꼴이어야 하므로, 더 이상 쪼갤 수 없는 2 이상의 자연수인 2와 5를 각각 6에 곱합니다.
두 수는 6×2와 6×5로 나타낼 수 있습니다.
따라서 두 수는 12와 30입니다.

다3.

1단계	60을 2 이상의 가능한 한 작은 자연수들의 곱으로 쪼개 봅니다.
2단계	똑같은 수들의 곱을 만들기 위해서 □에 들어갈 수는?
3단계	60×□를 똑같은 두 자연수의 곱으로 나타내 봅니다.

60을 2 이상의 가능한 한 작은 자연수들의 곱으로 쪼개면 다음과 같습니다.
$60=6\times10=2\times3\times2\times5=2\times2\times3\times5$
따라서 $60\times□=2\times2\times3\times5\times□$입니다.
$2\times2\times3\times5\times□$가 똑같은 수의 곱으로 나누어지기 위해서는
3×5가 하나 더 필요합니다.

즉 □ =3×5=15

이를 60×□에 대입해 보면

2×2×3×5×□ =2×2×3×5×3×5=(2×3×5)×(2×3×5)=30×30=○×○

즉 ○ =30

다4.

1단계	60을 2 이상의 가능한 한 작은 자연수들의 곱으로 쪼개 봅니다.
2단계	똑같은 수들의 곱을 만들기 위해서 □에 들어갈 수는?
3단계	60÷□를 똑같은 두 자연수의 곱으로 나타내 봅니다.

60을 2 이상의 가능한 한 작은 자연수들의 곱으로 쪼개면 다음과 같습니다.

60=6×10=2×3×2×5=2×2×3×5

따라서 60÷□ =(2×2×3×5)÷□입니다.

똑같은 두 수의 곱으로 나타내기 위해서는 3×5가 없어져야 합니다.

따라서 (2×2×3×5)÷□를 똑같은 두 자연수의 곱으로 만들기 위한 가장 작은 자연수는 3×5=15입니다.

즉 □ =15

이를 60÷□에 대입해 보면

60÷15=4=2×2=○×○

즉 ○ =2

다5.

1단계	240을 2 이상의 가능한 한 작은 자연수들의 곱으로 쪼개 봅니다.
2단계	똑같은 수들의 곱을 만들기 위해서 □에 들어갈 수는?
3단계	240÷□를 똑같은 두 자연수의 곱으로 나타내 봅니다.

240을 2 이상의 가능한 한 작은 자연수들의 곱으로 쪼개면 다음과 같습니다.

240=24×10=6×4×2×5=2×3×2×2×2×5

=2×2×2×2×3×5

따라서 240÷□ =(2×2×2×2×3×5)÷□입니다.

240÷□가 똑같은 두 자연수의 곱으로 표현하기 위한 경우를 따져 봅니다.

1. 똑같은 두 수의 곱으로 나타내기 위해서는 3×5가 없어져야 합니다. 따라서 □ =3×5=15입니다.

240÷15=16=4×4=○×○

즉 ○ =4입니다.

2. 똑같은 두 수의 곱으로 나타내기 위해서 2×2×3×5가 없어져야 합니다. 따라서 □ =2×2×3×5=60입니다.

240÷60=4=2×2=○×○

즉 ○ =2입니다.

다6.

1단계	18과 60을 2 이상의 가능한 한 작은 자연수들의 곱으로 쪼개 봅니다.
2단계	양변이 같아지게 하기 위해서 등식의 성질을 이용합니다.

18과 60을 각각 2 이상의 가능한 한 작은 자연수들의 곱으로 쪼개면 다음과 같습니다.

18=2×9=2×3×3

60=6×10=2×3×2×5=2×2×3×5

따라서 18×□ =60×○

→ 2×3×3×□ =2×2×3×5×○

양변이 같아지기 위해서는 □는 2×5를 가져야 하고, ○는 3을 가져야 합니다.

따라서 가장 작은 자연수는 □ =10, ○ =3입니다.

4단원 평면도형의 이동   · 32쪽~35쪽

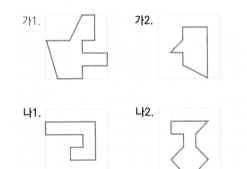

가1.

가2.

나1.

나2.

가1. _____ 단계별 힌트

1단계	예제 풀이를 복습합니다.
2단계	"90°씩 17번을 돌린다는 게 무슨 뜻일까?"
3단계	"90°씩 4번을 돌리면 360°이므로 원래 모양으로 돌아오겠지?"

90°씩 4번을 돌리면 원래 모양으로 돌아오므로, 아무리 많이 돌려도 4번마다 원래 모양으로 돌아옵니다.

17을 4로 나누면 나머지가 1입니다. 즉 시계 반대 방향으로 90°씩 17번 돌리는 것은, 90°씩 4번 돌리는 것을 4번 반복한 후 1번 더 돌리는 것과 같습니다.

즉 시계 반대 방향으로 90°씩 17번 돌리는 것은 90°씩 1번 돌리는 것과 같습니다.

그림을 시계 반대 방향으로 90°만큼 1번 돌리면 다음 그림과 같습니다.

가2. 　　　　　　　　　　　　　　　　　　단계별 힌트

1단계	예제 풀이를 복습합니다.
2단계	"왼쪽으로 7번 뒤집는 건, 왼쪽으로 몇 번 뒤집는 것과 같을까?"
3단계	"도형을 왼쪽으로 2번 뒤집으면 원래 모양이 되겠지?"

도형을 왼쪽으로 2번 뒤집으면 원래 모양으로 돌아옵니다. 즉 아무리 왼쪽으로 많이 뒤집어도 2번마다 원래 모양으로 돌아옵니다.

7을 2로 나누면 나머지가 1입니다. 즉 7번 왼쪽으로 뒤집기는 왼쪽으로 1번 뒤집기와 같습니다.

즉 왼쪽으로 1번만 뒤집으면 됩니다.

나1. 　　　　　　　　　　　　　　　　　　단계별 힌트

1단계	예제 풀이를 복습합니다.
2단계	"시계 반대 방향으로 90°씩 11번 돌린다는 게 무슨 뜻일까?"
	"아래로 5번 뒤집는 것의 의미는 무엇일까?"
3단계	"90°씩 4번을 돌리면 360°이므로 원래 모양으로 돌아오겠지?"
	"도형을 아래쪽으로 2번 뒤집으면 원래 모양으로 돌아오겠지?"

1. 시계 반대 방향으로 90°씩 11번 돌리기

시계 반대 방향으로 90°씩 4번을 돌리면 원래 모양으로 돌아오므로, 아무리 많이 돌려도 4번마다 원래 모양으로 돌아옵니다.

11을 4로 나누면 나머지가 3입니다. 즉 시계 반대 방향으로 90°씩 11번 돌리는 것은, 90°씩 4번 돌리는 것을 2번 반복한 후 3번 더 돌리는 것과 같습니다. 즉 시계 반대 방향으로 90°씩 3번 돌린 것인데, 이는 시계 방향으로 1번 돌린 것과 같습니다.

2. 아래쪽으로 5번 뒤집기

아래쪽으로 5번 뒤집기는 아래쪽으로 1번 뒤집기와 같습니다.

즉 아래쪽으로 1번만 뒤집어 줍니다.

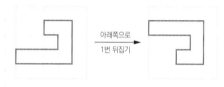

나2. 　　　　　　　　　　　　　　　　　　단계별 힌트

1단계	예제 풀이를 복습합니다.
2단계	"시계 방향으로 270°씩 3번을 돌린다는 게 무슨 뜻일까?"
	"왼쪽으로 9번 뒤집는 것의 의미는 무엇일까?"
3단계	"90°씩 4번을 돌리면 360°이므로 원래 모양으로 돌아오겠지?"
	"도형을 2번 뒤집으면 원래 모양으로 돌아오겠지?"

1. 시계 방향으로 270°씩 3번 돌리기

시계 방향 270°씩 3번 돌린 것은 시계 반대 방향으로 90°씩 3번 돌린 것과 같습니다.

시계 반대 시계 방향으로 90°씩 3번 돌린 것은 시계 방향으로 90°씩 1번 돌린 것과 같습니다.

즉 시계 방향으로 90°만큼 1번만 돌려 줍니다.

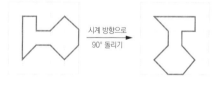

2. 왼쪽으로 9번 뒤집기

왼쪽으로 9번 뒤집기는 왼쪽으로 1번 뒤집기와 같습니다.

즉 왼쪽으로 1번만 뒤집어 줍니다.

6단원 규칙 찾기

•38쪽~47쪽

가1. 66개   **가2.** 1) 73   2) 729

나1. 1) 120개   2) 열 번째   **나2.** 532개

다1. 141개   **다2.** 100개

라1. $\dfrac{78}{61}$ **라2.** $\dfrac{89}{122}$

마1. 1) 68개   2) 100개   **마2.** 1024개

가1. _____ 단계별 힌트

1단계	예제 풀이를 복습합니다.
2단계	순서가 1씩 늘어날 때마다 정사각형의 수는 몇 개씩 늘어 납니까?
3단계	연속한 수의 합을 구하는 공식은 (첫 수 + 끝 수)×(개수)÷2

층이 1씩 늘어나고, 가장 아래층의 개수도 1씩 늘어납니다.
따라서 정사각형이 늘어나는 규칙을 표에 표현하면 다음과 같습니다.

순서	1	2	3	4	⋯	10
정사각형 수	1+2	1+2 +3	1+2+ 3+4	1+2+3+ 4+5	⋯	1+2+3+4+ 5+⋯+11

연속한 수의 합을 구하는 공식은 (첫 수 + 끝 수)×(개수)÷2이므로,
(열 번째 정사각형 개수)
$= 1+2+3+4+\cdots+11 = (1+11)\times11\div2 = 66$(개)

가2. _____ 단계별 힌트

1단계	각 줄의 첫 번째 수만 적어 봅니다. 얼마씩 늘어납니까?
2단계	아홉 번째 줄의 첫 번째 수는 처음 시작 수인 1에 얼마를 더해야 나옵니까?
3단계	십의 자리, 일의 자리를 따로 더해 봅니다.

1) 각 줄의 첫 번째 수를 보면 1, 3, 7, 13, 21, 31, ⋯입니다. 더하는 수가 2, 4, 6, 8, 10, ⋯으로 커짐을 알 수 있습니다.

(두 번째 줄의 첫 번째 수) $= 1+2 = 3$
(세 번째 줄의 첫 번째 수) $= 1+(2+4)-7$
(네 번째 줄의 첫 번째 수) $= 1+(2+4+6) = 13$
(다섯 번째 줄의 첫 번째 수) $= 1+(2+4+6+8) = 21$
⋮
(아홉 번째 줄의 첫 번째 수) $= 1+(2+4+6+8+\cdots+16) = 73$

2) 카드를 보면, 자연수의 홀수의 순서대로 늘어놓았습니다. 또한 첫 번째 줄에는 수 카드가 1개, 두 번째 줄에는 수 카드가 2개, 세 번째 줄에는 수 카드가 3개입니다. 따라서 □ 번째 줄의 수 카드는 □개임을 알 수 있습니다.

따라서 (아홉 번째 줄의 모든 수의 합)
$= 73+75+77+79+81+83+85+87+89 = 729$

tip) 십의 자리와 일의 자리를 따로 더하면, 다음과 같이 계산이 쉬워집니다.

(열 번째 줄의 모든 수의 합)
$= 73+75+77+79+81+83+85+87+89$
$= (70\times4)+(80\times5)+(3+5+7+9+1+3+5+7+9)$
$= 280+400+49 = 729$

나1. _____ 단계별 힌트

1단계	육각형은 변이 6개, 꼭짓점이 6개입니다.
2단계	도형의 순서가 변함에 따라 한 변에 몇 개의 바둑알이 놓입니까?
3단계	"꼭짓점에 놓이는 바둑알의 수는 변하지 않지. 그럼 꼭짓점과 변을 따로 생각해 봐. 그리고 표로 정리해 보면 어떨까?"

바둑알을 놓을 때 변의 길이는 늘어나지만 꼭짓점의 개수는 항상 똑같습니다. 따라서 꼭짓점과 변을 따로 생각합니다.
각 변마다 바둑알이 1개씩 늘어납니다. 처음 도형은 꼭짓점만 있고, 두 번째 도형은 한 변에 바둑알이 1개, □번째 도형은 한 변에 바둑알이 (□−1)개 놓입니다. 도형이 육각형이므로 변이 6개, 꼭짓점이 6개입니다. 도형마다 바둑알이 늘어나는 것을 표로 정리하면 다음과 같습니다.

순서	각 변에 놓인 바둑알 개수	꼭짓점에 놓인 바둑알 개수	전체 바둑알 개수
1	−	6	6
2	1	6	1×6+6
3	2	6	2×6+6
4	3	6	3×6+6
⋮			
□	□−1	6	(□−1)×6+6

1) □번째 도형의 바둑알의 개수는 (□−1)×6+6(개)이므로,
(스무 번째 도형의 바둑알의 개수) $= (20-1)\times6+6 = 120$(개)

2) □번째 도형의 바둑알의 개수는 (□−1)×6+6(개)이므로 다음과 같이 식을 세울 수 있습니다.
$(□-1)\times6+6 = 60$
$→ (□-1)\times6+6-6 = 60-6 = 54$
$→ (□-1)\times6 = 54$
$→ (□-1) = 9$
$→ □ = 10$
60개의 바둑알을 사용해 열 번째 도형을 만듭니다.

나2. _____ 단계별 힌트

1단계	예제 풀이를 복습합니다.
2단계	가로가 1씩 늘어날 때 세로는 몇씩 늘어나는지 확인합니다.
3단계	"작은 정사각형의 개수를 구하는 식은 어떻게 돼?

1. 도형의 규칙을 찾아봅니다.

가로는 3씩 늘어나므로 3을 곱해서 규칙을 찾습니다.

세로는 2씩 늘어나므로 2를 곱해서 규칙을 찾습니다.

2. 3과 2를 곱해서 나온 수와 실제 수가 얼마나 차이가 있는지 확인합니다.

1, 4, 7, 10, … 은 3을 곱해서 나온 수인 3, 6, 9, 12보다 2가 작습니다.

1, 3, 5, 7, …은 2를 곱해서 나온 수인 2, 4, 6, 8보다 1이 작습니다.

따라서 도형의 순서를 □라 하면,

(가로의 개수)=$3×□-2$, (세로의 개수)=$2×□-1$입니다.

따라서 (정사각형 개수)=$(3×□-2)×(2×□-1)$

→ (열 번째 정사각형 개수)

$=(3×10-2)×(2×10-1)=28×19=532$

다1. _____ 단계별 힌트

1단계	팔각형의 한 변에 다른 팔각형을 붙여서 만듭니다.
2단계	팔각형이 늘어남에 따라 성냥개비가 몇 개씩 늘어납니까?
3단계	팔각형이 20개일 때 성냥개비는 7개씩 몇 번 늘어나야 합니까?

팔각형이 늘어남에 따라 성냥개비는 7개씩 늘어납니다. 따라서 팔각형이 20개일 때, 성냥개비는 7개씩 열아홉 번 늘어나게 됩니다.

(팔각형 20개의 성냥개비 개수)

$=$(팔각형 1개일 때 성냥개비 개수)$+7×19$

따라서 $8+7×19=141$(개)입니다.

다2. _____ 단계별 힌트

1단계	삼각형의 전체 수가 늘어나는 규칙부터 구합니다.
2단계	△이 늘어나는 규칙과 ▽이 늘어나는 규칙을 따로 찾아봅니다.

우선 △이 늘어나는 규칙부터 봅니다.

첫 번째 도형: 1

두 번째 도형: $1+2$

세 번째 도형: $1+2+3$

네 번째 도형: $1+2+3+4$

열 번째 도형: $1+2+3+…10=55$(개)

  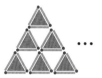

한편 ▽이 늘어나는 규칙은 다음과 같습니다.

첫 번째 도형: 0

두 번째 도형: 1

세 번째 도형: $1+2$

네 번째 도형: $1+2+3$

열 번째 도형: $1+2+3+…9=45$(개)

전체 삼각형의 개수는 $55+45=100$(개)입니다.

다른 풀이

삼각형의 개수 전체를 놓고 생각하면 다음과 같습니다.

첫 번째 도형: 1

두 번째 도형: $1+3=4$

세 번째 도형: $1+3+5=9$

네 번째 도형: $1+3+5+7=16$

즉, 그 전의 도형에 더하는 수가 3, 5, 7, …로 커짐을 알 수 있습니다.

따라서 열 번째 도형의 삼각형의 개수는

$1+3+5+7+9+11+13+15+17+19=100$(개)입니다.

라1. _____ 단계별 힌트

1단계	예제 풀이를 복습합니다.
2단계	분자는 4씩 늘어나고, 분모는 2씩 줄어듭니다.
3단계	스무 번째 분수는 첫 번째 분수의 분모에는 얼마를 빼고, 분자에는 얼마를 더하면 됩니까?

분자는 4씩 늘어나고 분모는 2씩 줄어드므로 스무 번째 분수는 첫 번째 분수의 분자에 4를 19번 더하고, 분모에는 2를 19번 빼서 구합니다.

(스무 번째 분수)$=\dfrac{2+(4×19)}{99-(2×19)}=\dfrac{78}{61}$

라2. ───── 단계별 힌트

1단계	예제 풀이를 복습합니다.
2단계	분모의 규칙을 찾기 어려우면, 더해지는 수가 어떻게 변하는지 살펴봅니다.
3단계	분자의 규칙을 찾기 어려우면, $1+1=2$이고 $2+3=5$임을 생각합니다.

1. 분모는 2에서 시작해 더하는 수가 3, 5, 7, …로 커짐을 알 수 있습니다. 따라서 열한 번째 분수의 분모는 $2+(3+5+7+9+\cdots+19+21)=122$입니다.

2. 분자는 더하는 수가 0, 1, 1, 2, 3, 5, 8, …로 커짐을 알 수 있습니다. 그런데 이 수는 앞의 두 수를 더한 값입니다. 즉, 세 번째 순서인 2는 첫 번째와 두 번째 수를 더한 값, 네 번째 순서인 5는 두 번째와 세 번째 수를 더한 값입니다.

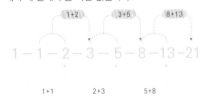

따라서 여덟 번째 분자의 수를 참고해, 아홉 번째부터 열한 번째까지의 분자를 쓰면 다음과 같습니다.
(아홉 번째 분자) $=13+21=34$
(열 번째 분자) $=21+34=55$
(열한 번째 분자) $=34+55=89$
따라서 열한 번째 분수는 $\dfrac{89}{122}$입니다.

다른 풀이

분모를 살펴보면 다음과 같은 규칙을 찾을 수 있습니다.
(첫 번째 분모) $=1\times1+1=2$
(두 번째 분모) $=2\times2+1=5$
(세 번째 분모) $=3\times3+1=10$
(네 번째 분모) $=4\times4+1=17$
(다섯 번째 분모) $=5\times5+1=26$
즉 순서 번호를 2번 곱한 후 1을 더하는 규칙이 있습니다.
따라서 (열한 번째 분모) $=11\times11+1=122$

마1. ───── 단계별 힌트

1단계	예제를 복습합니다.
2단계	순서가 1씩 늘어날 때마다 흰 바둑돌과 검은 바둑돌은 몇 개씩 늘어납니까?

3단계	헷갈리면 표를 이용합니다.

흰 바둑돌은 꼭짓점이 그대로고 각 변이 하나씩 늘어나므로 4개씩 늘어납니다. 따라서 4를 곱해서 규칙을 찾습니다.

순서	첫 번째	두 번째	세 번째	…	□번째
검은 바둑돌	2×2	3×3	4×4	…	$(□+1)\times(□+1)$
흰 바둑돌	12	$12+4$	$12+4\times2$	…	$12+4\times(□-1)$

1) □번째 검은 바둑돌의 개수를 구하고 이를 이용하여 흰 바둑돌의 개수를 구합니다.
(검은 바둑돌 개수) $=(□+1)\times(□+1)=256=16\times16$
→ □ $=15$이므로 열다섯 번째입니다.
(흰 바둑돌 개수) $=12+4\times(15-1)=12+4\times14=68$(개)

2) □번째 흰 바둑돌의 개수를 구하고 이를 이용하여 검은 바둑돌의 개수를 구합니다.
(흰 바둑돌 개수) $=12+4\times(□-1)=44$
→ $4\times(□-1)=32$
→ $(□-1)=8$
→ □ $=9$
(검은 바둑돌 개수) $=(□+1)\times(□+1)=10\times10=100$(개)

마2. ───── 단계별 힌트

1단계	세포 1개가 30분 후 2개가 되었으면, 다시 30분 후 세포 2개는 몇 마리가 됩니까?
2단계	분열된 세포들은 30분 후에 다시 분열합니다. 이를 표로 정리해 봅니다.
3단계	아침 10시부터 오후 3시까지는 몇 시간입니까? 30분이 몇 번 지나갔다고 할 수 있습니까?

30분 후 1개의 세포는 2개가 됩니다. 이는 곧 1개의 2배입니다. 그리고 30분 후, 2개의 세포는 각각 다시 2개가 2배 많아진 것이므로 $2\times2=4$라고 표현할 수 있습니다. 그리고 30분 후, 4개의 세포는 각각 다시 2개가 됩니다. 이는 4개의 2배이므로 $4\times2=8$이라고 표현할 수 있습니다. 그런데 $4=2\times2$이므로 $4\times2=2\times2\times2=8$입니다. 이를 표로 정리해 봅니다.

첫 번째 30분 후(30분)	$1\times2=2$
두 번째 30분 후(1시간)	$2\times2=4$
세 번째 30분 후(1시간 30분)	$4\times2=2\times2\times2=8$
네 번째 30분 후(2시간)	$8\times2=2\times2\times2\times2=16$

즉 □번째의 30분 후 세포의 수는 2를 □번만큼 곱한 수입니다.
아침 10시부터 오후 3시까지는 5시간입니다. 5시간은 30분이 10번 지난 시간입니다.
따라서 열 번째 30분 후 세포의 수는
$2\times2\times2\times2\times2\times2\times2\times2\times2\times2=1024$(개)입니다.

심화종합

①세트

· 50쪽~53쪽

1. 8억 5000만, 36억 5000만   **2.** 5개

3. 779, 857, 935   **4.** 5시, 7시, 1시, 11시

5. 노란색 블록, 5개   **6.** 70분

7.

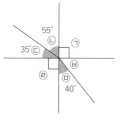

1   단계별 힌트

1단계	3억 5000만씩 4번 뛰어 세면 얼마가 늘어납니까? 혹은 얼마가 줄어듭니까?
2단계	'어떤 수'는 하나가 아닙니다.

3억 5000만씩 4번 뛰어 세기를 하면 14억입니다.

3억 5000만	7억	10억 5000만	14억
1번	2번	3번	4번

1. 커지도록 뛰어 세기를 한 경우

(어떤 수)+14억=16억 5000만

→ (어떤 수)=16억 5000만－14억=2억 50005만

따라서 (어떤 수)는 2억 5000만

2. 작아지도록 뛰어 세기를 한 경우

(어떤 수)－14억=16억 5000만

→ (어떤 수)=16억 5000만+14억=30억 5000만

따라서 어떤 수보다 6억이 큰 수는 2개입니다.

3. (어떤 수)+6억=2억 5000만+6억=8억 5000만

4. (어떤 수)+6억=30억 5000만+6억=36억 5000만

2   단계별 힌트

1단계	둔각이 무엇입니까?
2단계	각 1개가 둔각인 경우가 있는지 찾아봅니다.
3단계	서로 인접한 각 2개 혹은 3개로 둔각을 만들 수 있는지 찾아봅니다.

둔각은 90°보다 크고 180°보다 작은 각입니다. 각에 각각 ㉠, ㉡, ㉢, ㉣, ㉤, ㉥이라고 이름 붙이고 둔각을 찾아봅니다.

1. ㉠, ㉡, ㉢, ㉣, ㉤, ㉥ 중 둔각은 없습니다.

2. 인접한 각 2개로 만들 수 있는 둔각을 찾아봅니다.

－㉠+㉡=90°+55°=145°

－㉢+㉣=35°+90°=125°

－㉣+㉤=90°+40°=130°

－㉥+㉠=50°+90°=140°

3. 인접한 각 3개로 만들 수 있는 둔각을 찾아봅니다.

－㉢+㉣+㉤=35°+90°+40°=165°

＊나머지 경우(예를 들어 ㉠+㉡+㉢)는 180°이므로 둔각이 아닙니다.

4. 인접한 각 4개를 합치면 180°보다 커집니다.

따라서 둔각의 개수는 총 5개입니다.

3   단계별 힌트

1단계	몫을 □로 두고 어떤 수를 구하기 위한 식을 세우면 (어떤 수)=77×□+(□－1)입니다.
2단계	어떤 수는 77과 두 자리 수를 곱한 후 (어떤 수－1)을 더해 구합니다. 77에 어떤 두 자리 수를 곱해야 네 자리 수가 아닌 세 자리 수가 됩니까?
3단계	□는 두 자리 수, 어떤 수는 세 자리 수입니다.

몫을 □로 두고 어떤 수를 구하는 공식을 세워 봅니다.

(어떤 수)÷77=□…(□－1)이므로

(어떤 수)=77×□+(□－1)

몫이 두 자리 수이므로, 가장 작은 두 자리 수인 10부터 몫에 대입하며 규칙을 찾습니다.

1. 몫이 10일 때 나머지는 9이므로

어떤 수는 77×10+9=779입니다.

2. 몫이 11일 때 나머지는 10이므로

어떤 수는 77×11+10=857입니다.

3. 몫이 12일 때 나머지는 11이므로

어떤 수는 77×12+11=935입니다.

4. 몫이 13일 때 나머지는 12이므로

어떤 수는 77×13+12=1013입니다.

어떤 수는 세 자리 수이므로 몫은 12를 넘을 수 없습니다.

따라서 어떤 수는 779, 857, 935입니다.

4   단계별 힌트

1단계	실제 시각과 거울에 비친 시각이 같을 때는 언제입니까?
2단계	실제 시각과 거울에 비친 시각이 같은 6시와 12시를 기준으로 생각해 봅니다.

3단계	6시에서 시침이 1시간씩 옮겨가면 거울에는 어떻게 비춰집니까?

실제 시각과 거울에 비친 시각이 같은 6시와 12시를 기준으로 조건에 맞는 시각을 구합니다.

1. 6시를 기준으로 할 경우를 살펴봅니다.

실제 시간 **6시**

거울에 비친 시간 **6시**

2시간만큼 차이 나게 하고 싶으면 2시간의 절반인 1시간만큼 시침을 돌립니다. 1시간 전으로 돌리면 7시, 1시간 후로 돌리면 5시가 되어 실제 시각과 거울에 비친 시각의 차이가 2시간 또는 10시간이 됩니다.

실제 시간 **5시**

거울에 비친 시간 **7시**

실제 시간 **7시**

거울에 비친 시간 **5시**

2. 12시를 기준으로 할 경우를 살펴봅니다.

실제 시간 **12시**

거울에 비친 시간 **12시**

2시간만큼 차이 나게 하고 싶으면 2시간의 절반인 1시간만큼 시침을 돌립니다. 1시간 전으로 돌리면 11시, 1시간 후로 돌리년 1시가 되어 실제 시각과 거울에 비친 시각의 차이가 2시간 또는 10시간이 됩니다.

실제 시간 **1시**

거울에 비친 시간 **11시**

실제 시간 **11시**

거울에 비친 시간 **1시**

5

단계별 힌트

1단계	홀수 째는 파란색이 2줄, 짝수 째는 노란색이 2줄입니다.
2단계	색깔의 위치가 번갈아 바뀌므로, 홀수 번째와 짝수 번째로 나누어 생각해 봅니다.
3단계	파란색 블록과 노란색 블록을 나누어서 규칙을 찾을 수 있습니다.

홀수 번째에는 파란색 블록이 두 줄, 짝수 번째에는 노란색 블록이 두 줄이 됩니다. 따라서 홀수 번째와 짝수 번째로 나누어 각각의 규칙을 찾아 수를 구합니다.

홀수 번째 블록의 규칙은 다음과 같습니다.

순서	파란색	노란색	수의 차
첫 번째	1+3=4	2	2
세 번째	3+5=8	4	4
다섯 번째	5+7=12	6	6
일곱 번째	7+9=16	8	8
아홉 번째	9+11=20	10	10

따라서 열 번째에서는 파란색 블록이 노란색 블록보다
$2+4+6+8+10=30$(개) 더 많습니다.

한편 짝수 번째 블록의 규칙은 다음과 같습니다.

순서	파란색	노란색	수의 차
두 번째	3	2+4=6	3
네 번째	5	4+6=10	5
여섯 번째	7	6+8=14	7
여덟 번째	9	8+10-18	9
열 번째	11	10+12=22	11

따라서 열 번째에서는 노란색 블록이 파란색 블록보다
$3+5+7+9+11=35$(개) 더 많습니다.

따라서 노란색 블록이 파란색 블록보다 $35-30=5$(개) 더 많습니다.

6 단계별 힌트

1단계	문제에는 눈금 한 칸이 몇 분인지 나와 있지 않습니다. 이 것부터 구해 봅니다.
2단계	화요일을 제외한 요일의 공부 시간을 구해 봅니다.

그래프를 그리려면 눈금 한 칸이 얼마를 나타내는지부터 알아봅니다. 월요일에 수학을 공부한 시간이 50분인데 그래프에서 10칸을 차지하므로, 세로 눈금 10칸이 50분입니다. 따라서 세로 눈금 한 칸은 5분을 나타냅니다.

그래프를 통해 수요일은 40분, 목요일은 35분, 금요일은 45분 공부했음을 알 수 있습니다. 따라서 화요일을 제외한 수학을 공부한 시간은 50+40+35+45=170(분)입니다.

5일 동안 수학을 공부한 시간이 240분이므로, 화요일에 수학을 공부한 시간은 240-170=70(분)입니다. 이를 그리면 다음과 같습니다.

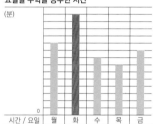

요일별 수학을 공부한 시간

7 단계별 힌트

1단계	뒤집을 경우, 짝수 번 뒤집으면 원래 모양과 같아짐을 알아야 합니다.
2단계	시계 방향으로 90°씩 4번 돌리면 원래 모양과 같아집니다.

1. 오른쪽으로 100번 뒤집은 모양은 원래의 도형의 모양과 같습니다.

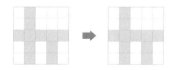

2. 위쪽으로 15번 뒤집은 모양은 위쪽으로 1번 뒤집은 모양과 같습니다.

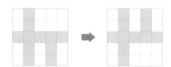

3. 시계 방향으로 90°씩 9번 돌린 도형은 90°씩 1번 돌린 것과 같습니다.

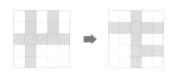

최종 모양은 다음과 같습니다.

②세트 · 54쪽~57쪽

1. 3개	**2.** 120°	**3.** 9875263140
4. 36개	**5.** 익준, 34점	**6.** 131일째
7. 70°		

1 단계별 힌트

1단계	2부터 9 사이에 있는 홀수는 3, 5, 7, 9밖에 없습니다.
2단계	ⓒ에 3, 5, 7, 9를 넣어 보면서 두 자리 수 ㄱㄴ을 찾아봅니다.

ㄱ, ㄴ, ⓒ에 알맞은 숫자는 3, 5, 7, 9입니다. 나누는 수가 ⓒ이므로, ⓒ에 숫자를 하나하나 넣어 보며 답을 찾아봅니다.

1. ⓒ=3인 경우 ㄱㄴ=57, 59, 75, 79, 95, 97
57÷3=19, 75÷3=25 ▶ 2개
2. ⓒ=5인 경우, 두 자리 수 ㄱㄴ은 3, 7, 9로 끝나므로 5로 나누어떨어질 수 없습니다. ▶ 0개
3. ⓒ=7인 경우 ㄱㄴ=35, 39, 53, 59, 93, 95
35÷7=5 ▶ 1개
ⓒ=9인 경우 ㄱㄴ=35, 37, 53, 57, 73, 75
9로 나누어떨어지는 수는 없습니다. ▶ 0개

따라서 만들 수 있는 식의 개수는 2+0+1+0=3(개)입니다.

2 단계별 힌트

1단계	평각은 180°입니다.
2단계	사각형의 네 각의 합은 360°라는 사실을 이용해 구할 수 있는 각을 구해 봅니다.

3단계 ㉠을 포함하는 사각형을 찾아봅니다.

사각형의 네 각의 크기의 합이 360°임을 이용하여 구해 봅니다.

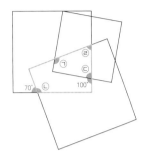

1. 평각의 크기는 180°이므로
㉢=180°-70°=110°입니다.
㉣=180°-100°=80°입니다.
2. 사각형의 네 각의 크기의 합은 360°이므로 ㉤을 노란 사각형 기준으로 구할 수 있습니다.
㉤=360°-90°-90°-110°=70°입니다.

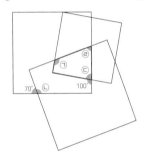

3. ㉠을 빨간 사각형 기준으로 구할 수 있습니다.
㉠=360°-90°-㉣-㉤=360°-90°-80°-70°=120°

3 ─────────────── 단계별 힌트

1단계	백의 자리에 1, 2, 3 등을 넣어 보며 ㉠과 ㉡을 만족하는 수를 찾아봅니다.
2단계	만의 자리 숫자는 백의 자리 숫자의 몇 배입니까?
3단계	0부터 9까지 숫자를 한 번씩만 사용할 수 있다는 걸 고려했을 때, ㉢을 만족하는 억의 자리 숫자와 십만의 자리 숫자는 몇 종류입니까?

자리 수에 맞게 □를 사용하여 수를 나타낸 다음 조건을 만족하는 수를 찾습니다.
열 자리 수이므로 □□□□□□□□□□입니다.
㉠과 ㉡에서 만의 자리 숫자는 천의 자리 숫자의 2배이고, 천의 자리 숫자는 백의 지리 숫지의 3배입니다. 즉 만의 자리 숫사는 백의 자리 숫자의 6배입니다. 그러니 백의 자리에 1 이외의 다른 숫자가

오면 조건을 만족할 수 없습니다. (2의 6배는 12이므로) 따라서 백의 자리의 숫자가 1이면 천의 자리이 숫자는 3이고, 만의 자리의 숫자는 6입니다.

십억	억	천만	백만	십만	만	천	백	십	일
□	□	□	□	□	6	3	1	□	□

㉢에서 억의 자리 숫자는 십만의 자리 숫자의 4배이므로, 십만의 자리에는 1 혹은 2가 올 수 있습니다. (3의 4배는 12이므로) 그런데 십만의 자리 숫자에 1이 오면 백의 자리 숫자와 중복이 되어 조건을 만족할 수 없습니다. 따라서 십만의 자리 숫자를 2라고 하면 억의 자리 숫자는 8입니다.

십억	억	천만	백만	십만	만	천	백	십	일
□	8	□	□	2	6	3	1	□	□

가장 큰 수를 만들기 위하여 남은 9, 7, 5, 4, 0을 높은 자리부터 차례대로 큰 숫자부터 넣습니다.

답은 9875263140입니다.

4 ─────────────── 단계별 힌트

1단계	검은 바둑돌은 정사각형의 변에 따라 일정하게 많아집니다.
2단계	(흰 바둑돌의 개수)=(전체 바둑돌의 개수)-(검은 바둑돌의 개수)

흰 바둑돌과 검은 바둑돌 개수의 규칙을 구해 봅니다.

순서	검은 바둑돌	전체 바둑돌
첫 번째	1×4	3×3
두 번째	2×4	4×4
세 번째	3×4	5×5
네 번째	4×4	6×6

1. 검은 바둑돌의 수는 1×4, 2×4, 3×4, 4×4, …의 규칙을 따릅니다.
(여덟 번째에 놓일 검은 바둑돌의 개수)=8×4=32(개)
2. (흰 바둑돌의 개수)
=(전체 바둑돌의 개수)-(검은 바둑돌의 개수)입니다.
따라서 (여덟 번째에 놓일 흰 바둑돌의 개수)
=10×10-8×4=68(개)
3. 68-32=36입니다.
따라서 흰 바둑돌이 검은 바둑돌보다 36개 많습니다.

다른 풀이

흰 바둑돌의 식을 다르게 세워 볼 수도 있습니다. 흰 바둑돌의 가로와 세로의 개수가 일정하게 늘어나고, 거기에 꼭짓점에 해당하는 4개만 더해 주면 됩니다.

순서	흰 바둑돌
첫 번째	$1 \times 1 + 4$
두 번째	$2 \times 2 + 4$
세 번째	$3 \times 3 + 4$
네 번째	$4 \times 4 + 4$

따라서 여덟 번째에 놓일 흰 바둑돌의 개수는
$8 \times 8 + 4 = 68$(개)입니다.

5 단계별 힌트

1단계	친구들은 각각 몇 개의 공을 던졌습니까?
2단계	(들어간 공의 개수)+(들어가지 않은 공의 개수)=10(개)
3단계	누가 가장 많은 공을 넣었습니까?

들어간 공은 2점을 얻고, 들어가지 않은 공은 1점이 깎이므로 점수가 가장 높은 사람은 들어간 공의 수가 가장 많은 사람입니다. 따라서 들어간 공의 수를 세어 그래프를 완성해 봅니다. 모두 공을 10개씩 던졌으므로
(들어간 공의 개수)+(들어가지 않은 공의 개수)=10(개)입니다.

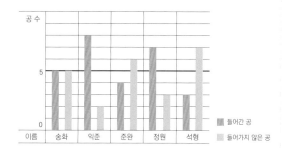

8개의 공을 넣은 익준의 점수가 가장 높습니다. 이를 토대로 점수를 계산해 봅니다.

(익준의 점수)
= 20+2×(들어간 공의 개수)−1×(들어가지 않은 공의 개수)
= 20+2×8−1×2
= 20+16−2 = 34(점)

6 단계별 힌트

1단계	은혜와 장우의 저금통에 이미 들어 있는 금액은 얼마만큼 차이가 납니까?

2단계	하루에 저금하는 금액은 누가 얼마나 많습니까?
3단계	하루에 저금하는 금액과 저금통에 들어 있는 금액으로 식을 세워 봅니다.

두 사람의 저금액이 같아질 때가 며칠째인지를 구해 봅니다.
1. 은혜의 저금통에는 장우의 저금통보다 26000원 더 많습니다. (50000−24000 = 26000)
2. 장우는 하루에 은혜보다 200원씩 더 저금합니다. (1200−1000 = 200)
3. 200원씩 ○일만큼 저금하면 26000원과 같아집니다. 이를 식으로 세우면 200×○=26000입니다. ○=130이므로, 저금을 시작한 날로부터 130일째 되는 날에 두 사람의 저금액이 같아집니다.
4. 따라서 장우의 저금액이 은혜의 저금액보다 많아지는 때는 저금을 시작한 날로부터 131일째 되는 날입니다.

7 단계별 힌트

1단계	접힌 부분의 각은 서로 같습니다.
2단계	평각은 180°입니다.
3단계	사각형의 내각의 합은 360°입니다.

종이를 접은 부분은 접히기 전의 부분과 같다는 걸 알면 쉬운 문제입니다.
각 ㄷㅁㅅ은 각 ㄷㅁㄹ과 같은 35°입니다.
따라서 (각 ㄱㅁㅂ) = 180°−35°−35° = 110°
사각형 ㄱㄴㅂㅁ에서 각 ㄴㄱㅁ과 각 ㄱㄴㅂ은 직각입니다.
따라서 (각 ㄴㅂㅁ) = 360°−110°−90°−90° = 70°

③세트 • 58쪽~61쪽

1. 90°	2. 28개	3. 32점	4. 27
5. 6841999512	6. 65°	7. 60°	

1 단계별 힌트

1단계	㉠과 ㉡을 내각으로 가지는 삼각형의 세 내각의 합이 180°임을 이용합니다.
2단계	삼각형의 외각의 성질을 이용합니다.
3단계	평각이 180°임을 이용해서 하나의 삼각형으로 각을 모아 봅니다.

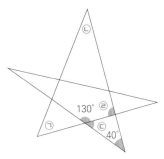

1. 평각의 크기는 180°이므로, ㉢ = 180° − 130° = 50° 입니다.

2. 삼각형의 외각의 성질을 이용하면 ㉢ + 40° = ㉣입니다.
따라서 ㉣ = 50° + 40° = 90°입니다.

3. 삼각형의 세 각의 크기의 합은 180°이므로,
㉠ + ㉡ + ㉣ = ㉠ + ㉡ + 90° = 180°입니다.

따라서 ㉠ + ㉡ = 180° − 90° = 90°입니다.

2
단계별 힌트

1단계	도로의 양쪽에 가로등을 설치하는 데 100개가 필요했으므로 도로의 한쪽에는 50개의 가로등을 설치하는 셈입니다.
2단계	가로등의 수와 간격을 이용해 도로의 길이를 구해야 합니다. 50개 가로등을 5m 간격으로 설치하면 도로 길이는 얼마입니까??
3단계	(가로등의 수) = (도로 길이) ÷ (가로등 간격) + 1

1. 5m 간격으로 설치한 가로등을 이용해 도로의 길이를 먼저 구합니다.
도로의 한쪽에 설치한 가로등은 100 ÷ 2 = 50(개)이고, 가로등 간격의 수는 50 − 1 = 49(개)이므로 도로의 길이는 49 × 5 = 245(m)입니다.

2. 7m 간격으로 설치할 때 가로등 개수를 구합니다.
가로등을 7m 간격으로 설치한다면 도로의 한쪽에 필요한 가로등은 245 ÷ 7 + 1 = 36(개), 도로 양쪽에 필요한 가로등은 36 × 2 = 72(개)입니다.

3. 따라서 가로등을 100 − 72 = 28(개) 절약할 수 있습니다.

3
단계별 힌트

1단계	표로 정리해서 가능한 경우를 모두 생각해 봅니다.
2단계	나중에 던진 3명의 윷 모양이 서로 다른데, 1명은 개가 나왔습니다. 나머지 2명은 뭐가 나올 수 있는지 확인합니다.
3단계	14명이 던진 윷 모양 횟수가 모두 다른 것을 찾아봅니다.

나중에 던진 3명의 윷 모양을 알아내는 게 먼저입니다.

1. ②에서 '개'가 나온 학생이 6명입니다. 11명이 던져 5명이 개가

나왔으므로, 나중에 던진 3명 중 1명은 '개'가 나왔음을 알 수 있습니다. 따라서 도, 걸, 윷, 모가 나온 학생은 모두 8명입니다.

2. 1에서 8을 서로 다른 네 수의 합으로 나타내면
0 + 1 + 3 + 4 또는 0 + 1 + 2 + 5입니다.

3. 두 가지 경우를 두고 표를 만들어 수를 확인해 봅니다.

우선 14명이 모두 던져 개를 제외한 나머지 윷 모양이 0/1/3/4개가 나오려면, 0개(윷), 1개(모), 3개(도), 4개(걸)가 나와야 합니다. 즉 나중에 던진 2명이 도와 걸이 한 번씩 나온 것이므로 ③을 만족합니다.

윷 모양	3명이 던지기 전	3명이 던진 횟수	3명이 던진 후
도	2	1	3
개	5	1	6
걸	3	1	4
윷	0	0	0
모	1	0	1

한편 14명이 모두 던져 개를 제외한 나머지 윷 모양이 0/1/2/5개가 나오려면, 0개(윷), 1개(모), 2개(도), 5개(걸)가 나와야 합니다. 즉 나중에 던진 3명 중 2명이 걸이 나온 것이므로 ③을 만족하지 않습니다.

윷 모양	3명이 던지기 전	3명이 던진 횟수	3명이 던진 후
도	2	0	2
개	5	1	6
걸	3	2	5
윷	0	0	0
모	1	0	1

따라서 도는 3명, 개는 6명, 걸은 4명, 윷은 0명, 모는 1명 나왔습니다.
14명 점수의 합을 구하면
3 × 1 + 6 × 2 + 4 × 3 + 0 × 4 + 1 × 5 = 32(점)입니다.

4
단계별 힌트

1단계	달력에 색칠한 4개의 수 사이의 관계는 무엇입니까?
2단계	달력은 위아래로 7일만큼 차이 납니다.
3단계	4개의 수 중 가장 작은 수를 □라 하면, 나머지 수는 어떻게 표현할 수 있는지 써 보고 4개 수의 합을 구하는 식을 세워 봅니다.

가장 작은 수인 4를 기준으로 4개의 수의 관계를 알아봅니다.
5 = 4 + 1
11 = 4 + 7
12 = 4 + 7 + 1 = 4 + 8
즉 네모칸 안의 수는 가장 작은 수를 기준으로 1, 7, 8 차이 납니다.
4개의 수 중 가장 작은 수를 □로 두고 식을 만들면

$$\square + (\square + 1) + (\square + 7) + (\square + 8) = 96$$
$$\rightarrow \square \times 4 + 16 = 80 + 16$$
$$\rightarrow \square \times 4 = 80$$

따라서 $\square = 80 \div 4 = 20$

따라서 4개의 수는 20, 21, 27, 28이며

이 중 두 번째로 큰 수는 27(= 20 + 7)입니다.

5
단계별 힌트

1단계	0, 2, 4, 8만 10번 더해서 22를 만들어 봅니다.
2단계	8이 최소한 한 번 이상 들어가는데, 8을 3번 이상 사용할 수는 없습니다(8×3 = 24). 따라서 8을 2번 사용하는 경우와 1번 사용하는 경우로 나눠서 생각해 봅니다.
3단계	가장 큰 수는 큰 숫자가 많이 사용되고, 가장 작은 수는 작은 숫자가 많이 사용됩니다.

0, 2, 4, 8로 각 자리 숫자의 합이 22인 10자리 수를 만들기 위해 각 자리 숫자를 더해 봅니다.

1. 8을 2번 사용하는 경우

① 8+8+4+2+0+0+0+0+0+0 = 22

2. 8을 1번 사용하는 경우

② 8+4+4+4+2+0+0+0+0+0 = 22

③ 8+4+4+2+2+2+0+0+0+0 = 22

④ 8+4+2+2+2+2+2+0+0+0 = 22

가장 큰 수는 8을 2번 사용한 ①로 만든 8842000000이고,

가장 작은 수는 0을 6번 사용한 ①로 만든 2000000488입니다.

㉠ – ㉡ = 8842000000 – 2000000488 = 6841999512

6
단계별 힌트

1단계	시계에서 숫자와 숫자 사이의 간격은 360° ÷ 12 = 30°입니다.
2단계	분침은 1시간(60분)에 360°, 10분에 60°만큼 움직입니다. 한편 시침은 1시간(60분)에 30°, 10분에 5°를 움직입니다.
3단계	시침이 4시 정각에서 얼마나 움직였습니까?

큰 눈금 한 칸이 30°이고, ㉠이 이루는 각도는 큰 눈금 2칸이므로 30° × 2 = 60°입니다.

한편 시침은 1시간에 30°씩 움직이고, 30분에 15°씩, 10분에 5°씩 움직입니다. 따라서 ㉡ 각도는 짧은 바늘이 4시 눈금을 기준으로 10분간 움직인 각도이므로 5°입니다.

따라서 두 바늘이 이루는 작은 쪽의 각도는 ㉠ + ㉡ = 60° + 5° = 65°입니다.

7
단계별 힌트

1단계	삼각형의 세 내각의 합이 180°임을 이용합니다.
2단계	각 ㄷㄹㄷ과 각 ㄴㄷㄹ의 각의 합은 어떻게 구할 수 있습니까?

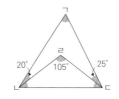

삼각형의 내각의 합은 180°이므로 삼각형 ㄴㄷㄹ의 내각의 합도 180°입니다.

따라서 (각 ㄹㄴㄷ) + (각 ㄹㄷㄴ) = 180° – 105° = 75°

(각 ㄴㄱㄷ) = 180° – (20° + 25° + 75°) = 180° – 120° = 60°

④세트
· 62쪽~65쪽

1. 75°	2. 91, 20	3. 89, 989
4. 53	5. 125°	6. 148	7. 270°

1
단계별 힌트

1단계	㉠을 포함하는 삼각형의 세 내각의 합이 180°임을 이용합니다.
2단계	삼각형에서 두 내각의 합은 이웃하지 않은 한 외각의 크기와 같다는 외각의 성질을 복습합니다.

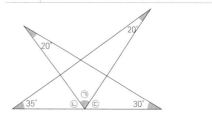

1. 삼각형 세 각의 크기의 합은 180°이므로,

㉠ + ㉡ + 35° + 20° = 180°

→ ㉠ + ㉡ = 180° – 55° = 125°

2. 평각의 크기는 180°이므로

㉠+㉡+㉢=180°

→ ㉢=180°-(㉠+㉡)=180°-125°=55°

3. 삼각형 세 각의 크기의 합은 180°이므로,

㉠+㉢+30°+20°=180°

→ ㉠+㉢=180°-50°=130°

㉠+㉢=㉠+55°=130°이므로

㉠=75°입니다.

2

단계별 힌트

1단계	짝수 번째 수와 홀수 번째 수가 흐름이 다릅니다. 따라서 홀수 번째, 짝수 번째를 따로 생각해 봅니다.
2단계	열아홉 번째 수는 홀수 번째의 10번째 수입니다.
3단계	스무 번째 수는 짝수 번째의 10번째 수입니다.

홀수 번째와 짝수 번째로 나누어 생각해 봅니다.

짝수 번째 수만 따로 써서 보면, 2씩 건너뛴다는 사실을 알 수 있습니다.

첫 번째		두 번째		세 번째		네 번째		다섯 번째		여섯 번째	
2	→	4	→	6	→	8	→	10	→	12	⋯
	+2		+2		+2		+2		+2		

한편 홀수 번째 수만 따로 써서 보면, 2, 4, 6, 8, ⋯씩 건너뛴다는 것을 알 수 있습니다.

첫 번째		두 번째		세 번째		네 번째		다섯 번째		여섯 번째	
1	→	3	→	7	→	13	→	21	→	31	⋯
	+2		+4		+6		+8		+10		

스무 번째 수는 짝수 번째 수 중 열 번째 수이므로 20입니다.

열아홉 번째 수는 홀수 번째 수 중 열 번째 수이므로

1+(2+4+6+8+10+12+14+16+18)=91입니다.

tip) 2+4+6+8+10+12+14+16+18=10×9=90으로도 계산할 수 있습니다.

3

단계별 힌트

1단계	두 자리 수 안에서 몫이 가장 큰 경우를 구하는 식은 어떻게 세웁니까?
2단계	나머지가 가장 크려면, 나머지와 나누는 수가 얼마나 차이 나야 합니까?
3단계	몫과 나머지를 구하는 식을 세워 봅니다.

두 자리 수부터 구해 봅니다.

1. 18로 나누었을 때 몫이 가장 큰 경우부터 구해 봅니다. 두 자리 수 안에 18이 가장 많이 들어가는 수 중에 나머지가 가장 큰 수는,

가장 큰 두 자리 수인 99를 18로 나눈 경우입니다.

99÷18=5 ⋯ 9

2. 두 자리 수를 18로 나누었을 때 나머지가 가장 큰 경우를 구해 봅니다. 가장 큰 나머지는 몫보다 1이 작은 17입니다. 따라서 나머지가 17일 때 몫이 가장 큰 경우를 구합니다. 1에서, 두 자리 수 안에서 나머지가 17이 되려면 몫이 5보다 하나 작은 4여야 합니다. 나머지가 17이고 몫이 4인 수를 구하기 위해 식을 세워 봅니다.

18×4+17=89

3. 1의 몫과 나머지의 합은 5+9=14, 2에서 몫과 나머지의 합은 4+17=21입니다. 21이 14보다 크므로, 몫과 나머지의 합이 가장 큰 두 자리 수는 89입니다.

세 자리 수도 같은 방법으로 구합니다.

1. 999를 18로 나누면 몫은 55고 나머지가 9로, 몫이 가장 큰 경우 중 나머지가 가장 큽니다. (몫과 나머지의 합: 55+9=64)

2. 한편 18로 나누었을 때 나머지가 가장 큰 경우는 17이므로, 세 자리 수에서 나머지가 17일 때 몫이 가장 큰 경우를 구합니다. 1에서 나머지가 17이 되려면 몫이 54가 되어야 함을 알 수 있습니다. 나머지가 17이고 몫이 54인 수를 구하기 위해 식을 세웁니다.

18×54+17=989 (몫과 나머지의 합: 54+17=71)

3. 1의 몫과 나머지의 합은 64, 2의 몫과 나머지의 합은 71이므로, 몫과 나머지의 합이 가장 큰 두 자리 수는 989입니다.

4

단계별 힌트

1단계	각 줄의 오른쪽 수, 혹은 왼쪽 수를 기준으로 규칙을 찾아 봅니다.
2단계	열 번째 줄의 제일 오른쪽 수를 구할 수 있습니까?
3단계	각 줄의 오른쪽 수만 놓고 봤을 때 어떻게 늘어납니까?

모든 수는 1씩 늘어나고, 줄 수만 다릅니다. 따라서 각 줄의 가장 오른쪽에 있는 수의 규칙을 찾아봅니다. (가장 왼쪽 수를 구해도 됩니다.)

각 줄의 가장 오른쪽에 있는 수를 쓰면 다음과 같습니다.

1		3		6		10		
	→		→		→		→	⋯
	+2		+3		+4			

두 번째 줄의 오른쪽 수는 그전 수에 2를 더하고,

세 번째 줄의 오른쪽 수는 그전 수에 3을 더합니다.

따라서 열 번째 줄의 가장 오른쪽 수는 55입니다.

1	→	3	⋅	6	⋅	10	→	15	→	21	→	28	→	36	→	45	→	55
	+2		+3		+4		+5		+6		+7		+8		+9		+10	

열 번째 줄을 쓰면 다음과 같습니다.

46 47 48 49 50 51 52 53 54 55

따라서 열 번째 줄의 오른쪽에서 세 번째 수는 53입니다.

5

단계별 힌트

1단계	일단 각 ㄱㄴㄷ의 크기를 구해 봅니다.
2단계	사각형의 내각의 크기의 합은 360°입니다.
3단계	(각 ㄱㄴㄷ)=(각 ㄱㄴㅁ)+(각 ㅁㄴㄷ)입니다.

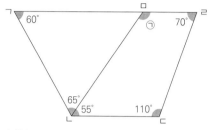

사각형 ㄱㄴㄷㄹ의 네 각의 크기의 합이 360°이므로
(각 ㄱㄴㄷ)=360°−60°−70°−110°=120°입니다.
각 ㄱㄴㅁ과 각 ㅁㄴㄷ는 10°만큼 차이나므로,
120°를 반으로 나눈 후 한 쪽이 다른 쪽에 5°만큼 줍니다.
각 ㄱㄴㅁ이 큰 쪽이므로 65°, 각 ㅁㄴㄷ이 작은 쪽이므로
55°입니다.
한편 사각형 ㄴㄷㄹㅁ의 네 각의 크기의 합이 360°이므로
㉠=360°−70°−110°−55°=125°입니다.

6

단계별 힌트

1단계	세로로 배열된 수가 규칙 찾기는 쉽지만 30열의 수를 구하는 데는 도움이 안 됩니다. 그런데 3행에 배열된 수는 일정하게 늘어납니다.
2단계	3행에 배열된 수는 5씩 늘어나는 규칙이 있습니다.
3단계	3행 30열의 수를 구하려면 5를 몇 번 더해야 합니까?

3행에 배열된 수의 규칙을 찾아봅니다. 3행에 배열된 수는 3부터 시작해서 5씩 늘어납니다. 따라서 3행 30열의 수는 3행의 1열의 수인 3에 5를 29번 더하면 됩니다.
따라서 3행 30열의 수는 3+5×29=148입니다.

7

단계별 힌트

1단계	버스를 탄 시간부터 계산합니다.
2단계	분침은 1시간(60분)에 360°를 회전합니다.
3단계	분침은 1분에 6°를 회전합니다.

버스를 탄 시간은 4시 20분−3시 35분=45분입니다.
긴 바늘은 분침입니다. 1시간(60분)에 360°를 회전하므로, 1분에 6°를 움직입니다.
따라서 버스를 타는 동안 긴 바늘이 움직인 각도는 6°×45=270°입니다.

⑤세트

• 66쪽~69쪽

1. 196개 **2.** 55° **3.** 20, 21, 22, 23, 24
4. 15개 **5.** 40개 **6.** 100개 **7.** 132(개)

1

단계별 힌트

1단계	표를 만들어서 규칙을 찾아봅니다.
2단계	정육각형이 하나 늘어날 때마다 성냥개비는 몇 개 필요합니까?

정육각형의 수가 늘어날 때 성냥개비 수의 규칙을 찾아봅니다.

정육각형의 수	1	2	3	4	5
성냥개비의 수	6	11	16	21	26

$$\xrightarrow{+5}\;\xrightarrow{+5}\;\xrightarrow{+5}\;\xrightarrow{+5}$$

정육각형이 1개씩 늘어날 때마다 성냥개비는 5개씩 늘어납니다. 따라서 (성냥개비의 수)=(정육각형의 수)×5로 식을 세울 수 있습니다. 그런데 처음 성냥개비의 수는 6이므로 정육각형의 수에 1을 넣었을 때 6이 되어야 합니다. 따라서 식에 1을 더해야 합니다. 이를 정리하면 다음과 같습니다.
(성냥개비의 수)=(정육각형의 수)×5+1
따라서 정육각형 39개를 만드는 데 필요한 성냥개비의 수는
39×5+1=196(개)입니다.

2

단계별 힌트

1단계	접힌 부분에는 같은 각도를 표시해 봅니다.
2단계	삼각형의 세 내각의 합은 180°입니다.
3단계	평각은 180°입니다.

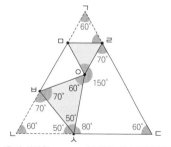

우선 사각형 ㄹㅇㅅㄷ의 네 각의 크기를 구해 봅니다.
1. 접기 전 부분과 접힌 부분은 모양과 크기가 같으므로
(각 ㅂㅇㅅ)=60°이고, (각 ㅇㅂㅅ)=70°입니다.
2. 삼각형의 세 내각의 크기의 합은 180°이므로
(각 ㄴㅅㅂ)=180°−70°−60°=50°이고,
각 ㅂㅅㅇ은 각 ㄴㅅㅂ의 접힌 부분이므로 50°입니다.
3. 평각의 크기는 180°이므로,

(각 ㅇㅅㄷ)=180°-50°-50°=80°입니다.

4. 사각형 네 각의 크기의 합은 360°이므로,

(각 ㄷㄹㅇ)=360°-60°-80°-150°=70°입니다.

5. (각 ㄷㄹㅇ)=70°이므로 (각 ㄱㄹㅁ)+(각 ㅇㄹㅁ)=110°입니다.

(평각은 180°) 그런데 두 각은 접힌 부분이므로 서로 같습니다.

따라서 (각 ㄱㄹㅁ)=110°÷2=55°입니다.

3

1단계	연속하는 홀수 개의 수의 합은 가운데 수의 몇 배입니까?
2단계	가운데 수를 □로 놓으면, 앞과 뒤의 숫자들을 □로 어떻게 표현합니까?
3단계	(가운데 수)×(숫자의 개수)=110

1+2+3+4+5를 살펴보면,

(3-2)+(3-1)+3+(3+1)+(3+2)

=3+3+3+3+3=3×5=15와 같이 계산할 수 있습니다.

즉, 15는 가운데 수 3을 5번 더한 수와 같습니다.

같은 방법으로 110을 연속하는 5개의 수의 합으로 나타내면

(가운데 수)×5로 나타낼 수 있습니다.

(가운데 수)×5=110이므로 (가운데 수)=110÷5=22

따라서 연속하는 5개의 수는 20, 21, 22, 23, 24입니다.

4

1단계	꼭짓점이 6개고, 변이 7개입니다.
2단계	꼭짓점을 제외한 변에 몇 개의 말뚝을 박을 수 있습니까?
3단계	꼭짓점에 박을 말뚝의 수를 빼고 변의 개수로 말뚝을 나누어 봅니다.

나눗셈을 이용하여 한 변에 박는 말뚝의 최대 개수를 구해 봅니다.

꼭짓점 6개에는 반드시 말뚝을 박아야 하므로, 꼭짓점을 제외한 변에 100-6=94(개)의 말뚝을 박아야 합니다. 변은 모두 7개이므로 94를 7로 나누면 94÷7=13…3입니다. (3개는 박지 못하고 버려집니다.) 따라서 정사각형의 한 변에 꼭짓점을 제외하고 최대 13개의 말뚝을 박을 수 있습니다.

따라서 정사각형의 한 변에 박는 말뚝의 최대 개수는, 꼭짓점에 박은 말뚝 2개를 포함하여 13+2=15(개)입니다.

5

1단계	바둑돌을 잘 살펴봅니다. 몇 개 단위로 모양이 반복됩니까?
2단계	5개씩 바둑돌을 나누어서 살펴봅니다.
3단계	5개 안에 흰 바둑돌은 몇 개 있습니까?

바둑돌의 모양을 보며 몇 개씩 반복되는지 살펴봅니다.

○●○●●이 반복되고 있으므로, 바둑돌은 5개 단위로 모양이 똑같습니다.

100개의 바둑돌에서는 ○●○●●이 20번 반복됩니다.

(100÷5=20)

○●○●● 안에는 흰색 바둑돌이 2개이므로, 100개의 바둑돌 안에 들어 있는 흰색 바둑돌의 개수는 2×20=40(개)입니다.

6

1단계	윗층부터 공이 몇 개씩 있는지 세어 봅니다.
2단계	어려우면, 쌓인 모양의 그림을 그려 가며 세어 봅니다.
3단계	각 층에 있는 공의 개수의 규칙은 무엇입니까?

가장 위층부터 공의 수를 세어 보면 다음과 같습니다.

10층	○	1×1
9층	○○ ○○	2×2
8층	○○○ ○○○ ○○○	3×3
7층	○○○○ ○○○○ ○○○○ ○○○○	4×4
⋮	⋮	⋮

각 층에 쌓인 공의 개수는 똑같은 수를 2번 곱한 수입니다.

10층부터 세어 나가면 가장 아래층, 즉 1층에 쌓인 공의 개수는 10×10=100(개)입니다.

7

1단계	전체 바둑돌이 늘어나는 규칙을 찾아봅니다.
2단계	검은 바둑돌은 규칙을 찾기 힘들어 보이니, 흰 바둑돌이 늘어나는 규칙을 찾아봅니다.
3단계	표를 이용해서 정리하면 쉽습니다.

전체 바둑돌은 변의 길이가 하나씩 늘어나는 정사각형입니다.

흰 바둑돌은 1, 2, 3, 4, …의 순서로 늘어납니다.

검은 바둑돌은 전체 바둑돌에서 흰 바둑돌의 개수를 빼면 됩니다.

이를 표로 정리하면 다음과 같습니다.

순서	전체 바둑돌	흰 바둑돌	검은 바둑돌
1	1×1	1	1×1-1
2	2×2	2	2×2-2
3	3×3	3	3×3-3
4	4×4	4	4×4-4
□	□×□	□	□×□-□

따라서 열두 번째 모양의 검은색 바둑돌의 개수는

12×12-12=144-12=132(개)

실력 진단 테스트

·72쪽~79쪽

1. ①　　　　　　　2. 6장, 8장, 4장
3. 4, 400000000　　4. 70022336678　　5. 75°
6. 110°　　　　　　7. 24개　　　8. 5시 58분
9. 오전 5시 11분　　10. 888　　　11. 해설 참조
12. 오른쪽으로 뒤집기 또는 왼쪽으로 뒤집기
13. ②　　　　　　　14. 23　　　15. 71개

1 중　　　　　　　　　　　　　　단계별 힌트

1단계	백만 자리 숫자는 몇 자리 수입니까?
2단계	조건에 맞는 가장 작은 수와 가장 큰 수를 써 봅니다.
3단계	수의 개수는 어떻게 셀 수 있습니까? 0~9까지 수의 개수는 9−0+1=10(개)이고, 0~99까지 수의 개수는 99−0+1=100(개)입니다.

가장 작은 수는 7400000, 가장 큰 수는 7499999입니다.
따라서 수의 개수는 7499999−7400000+1=100000(개)입니다.

보충 설명

연속하는 자연수의 수의 개수를 구하는 공식은 (끝 수)−(첫 수)+1입니다. 예를 들어 2부터 11까지의 수의 개수는 11−2+1=10(개)입니다.

2 중　　　　　　　　　　　　　　단계별 힌트

1단계	큰 돈으로 많이 바꾸어야 지폐의 수가 적어집니다.
2단계	큰 돈으로 어디까지 바꿀 수 있는지 계산합니다.

100원짜리 동전 6840개는 684000원입니다. 지폐의 수를 가장 적게 하여 바꾸려면 가장 큰 단위인 십만 원짜리로 최대한 많이 바꾸어야 합니다. 십만 원짜리로 바꿀 수 있는 돈은 600000원이고, 600000=6×100000이므로 6장 바꿀 수 있습니다.
남은 돈 84000원에서 만 원짜리로 가장 많이 바꿀 수 있는 돈은 80000원이고, 8장 바꿀 수 있습니다. 나머지 4000원은 천 원짜리 4장으로 바꿉니다.

3 하　　　　　　　　　　　　　　단계별 힌트

1단계	2475942에 1000을 곱해 봅니다.
2단계	자릿값이란 무엇입니까? 어떤 자리의 숫자와, 그 숫자가 나타내는 수의 차이는 무엇입니까?

3단계	두 자리 수 23에서 십의 자리는 2라는 숫자로 되어 있고, 그것은 20을 뜻합니다.

2475942를 1000배 하면 2475942000입니다. 이때 일억 자리 숫자는 4이고, 이 숫자는 400000000을 나타냅니다. 즉 일억 자리 숫자의 4는 4억을 뜻합니다.

4 상　　　　　　　　　　　　　　단계별 힌트

1단계	700억보다 크면서 가장 가까운 수는 어떻게 만듭니까?
2단계	700억보다 작으면서 가장 가까운 수는 어떻게 만듭니까?

700억에 가장 가까운 수는 백억의 자리 숫자가 7일 때 가장 작은 수와, 백억의 자리 숫자가 6일 때 가장 큰 수 중 하나입니다.
1. 백억 자리 숫자가 7일 때 가장 작은 수: 백억 자리 수인 7 뒤에 가장 작은 수부터 큰 수까지 차례로 늘어놓습니다. 각 수는 두 번까지 사용 가능하므로 70022336678이 됩니다.
2. 백억의 자리 숫자가 6일 때 가장 큰 수: 백억 자리 수인 6 뒤에 가장 큰 수부터 작은 수까지 차례로 늘어놓습니다. 각 수는 두 번까지 68877633220이 됩니다.
3. 1과 2에서 구한 두 수 중 700억과의 차가 더 작은 것은 70022336678이므로, 700억에 가장 가까운 수는 70022336678 입니다

5 상　　　　　　　　　　　　　　단계별 힌트

1단계	직각 삼각자의 세 각은 90°, 60°, 30°입니다.
2단계	점 ㄱ과 연결된 가장 짧은 변이 45° 회전했습니다.
3단계	㉠을 각으로 가지는 삼각형이 있습니다.

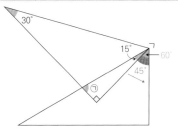

점 ㄱ 부분의 각은 60°입니다. 가장 짧은 변이 45°만큼 회전되었으므로, 그 사이에 생긴 작은 각은 60°−45°=15°임을 알 수 있습니다.
삼각형의 세 각의 크기의 합은 180°이므로 ㉠=180°−90°−15°=75°입니다.

6 상 _____ 단계별 힌트

1단계	시침은 1시간(60분)에 30°, 분침은 1시간(60분)에 360°씩 회전합니다.
2단계	1시간에 회전하는 각의 크기를 기준으로 20분은 몇 도씩 도는지 계산해 봅니다.
3단계	시침이 1시간에 30°씩 움직인다면, 20분은 1시간의 $\frac{1}{3}$이 므로 20분 동안 움직이는 각을 구하기 위해서 30°를 3으로 나누어야 합니다.

시침은 1시간(60분)에 30°를 회전하므로, 20분에 10°를 회전합니다.
분침은 1시간(60분)에 360°를 회전하므로, 20분에 120°를 회전합니다.
12시를 기준으로 분침은 4칸(120°)을 회전했고 시침은 10°만큼 회전했습니다.
따라서 긴 바늘이 이루는 작은 쪽의 각도는 120°-10° = 110°입니다.

7 중 _____ 단계별 힌트

1단계	오전 9시~오후 5시는 총 몇 분입니까?
2단계	총 일한 시간을 20분으로 나누어 봅니다.

오전 9시부터 오후 5시는 8시간으로, 이를 분으로 바꾸면
60×8 = 480(분)입니다.
480분 동안 만들 수 있는 장난감의 개수는
480÷20 = 24(개)입니다.

8 하 _____ 단계별 힌트

1단계	268분을 시간+분으로 고쳐 봅니다.
2단계	지금 시각에 시간+분으로 고친 258분을 더해 답을 구합니다.

268분이 몇 시간 몇 분인지 알아보려면 60으로 나눕니다.
268÷60 = 4···28 → 4시간 28분
　　　　　시간　분
1시 30분에서 4시간 28분이 흐른 후는 5시 58분입니다.

9 중 _____ 단계별 힌트

1단계	396분을 시간과 분으로 고쳐 봅니다.
2단계	오전 11시 47분－396분은? 분을 시간으로 고쳐 봅니다.

396분이 몇 시간 몇 분인지 알아보려면 60으로 나눕니다.
396÷60 = 6···36이므로, 396분은 6시간 36분입니다.
오전 11시 47분에서 6시간 36분을 빼면, 오전 5시 11분입니다.

10 중 _____ 단계별 힌트

1단계	몫은 없고 나머지만 주어져 있는 나눗셈을, 세로셈으로 써 봅니다. 그러면 몫을 얼마로 써야 할지 보입니다.
2단계	세로셈으로 쓴 △△△÷△△을 앞에서부터 계산해 봅니다. △△÷△△은 얼마입니까? 나머지는 얼마가 됩니까?

나눗셈을 세로셈으로 써서 계산해 봅니다.
△△÷△△ = 1로, 몫의 십의 자리 숫자는 1입니다.
한편 △를 △△로 나눌 수 없으므로
나머지가 △가 됩니다.
따라서 몫은 10이 되고, 나머지가 8이므로
△이 곧 8임을 알 수 있습니다.
따라서 888÷88 = 10···8입니다.
나누어지는 수는 888입니다.

11 중 _____ 단계별 힌트

1단계	5번 회전은 1번 회전하는 것과 같습니다.

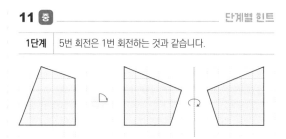

도형을 4번 돌리면 처음으로 돌아오므로, 5번 돌리면 1번 돌리는 것과 같습니다.
Tip 투명 종이에 도형을 그려 돌리고 뒤집어 봅니다.

12 상 _____ 단계별 힌트

1단계	현재 도형에서 거꾸로 되짚어 나갑니다.

2단계	오른쪽 도형을 시계 반대 방향이 아닌 시계 방향으로 90°씩 두 번 돌리면 어떻게 됩니까?
3단계	왼쪽으로 뒤집든 오른쪽으로 뒤집든 뒤집은 후의 모양은 똑같습니다.

거꾸로 생각합니다. 우선 시계 반대 방향으로 두 번 돌렸던 것을 되돌립니다.

시계 방향으로
90°만큼 2번 돌리기

그렇다면 전체 과정은 다음과 같습니다.

? → 시계 반대 방향으로
2번 돌리기

첫 번째에서 두 번째로 갈 때, 왼쪽과 오른쪽이 서로 바뀌었습니다. 즉 왼쪽 또는 오른쪽으로 뒤집은 것입니다.

13 중
단계별 힌트

1단계	보기에 있는 방법대로 하나씩 해 봅니다.
2단계	상상이 가지 않으면 종이를 오려서 해 봅니다.

시계 방향으로 90°만큼 3번 돌리면 이는 시계 반대 방향으로 90°만큼 1번 돌린 것과 같습니다. 그 다음 오른쪽으로 뒤집기를 한 모양은 다음과 같습니다.

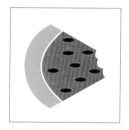

완성된 모양을 알았으니, 보기에 나온 방법대로 도형들을 다 돌려 봅니다.

①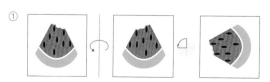

②

③

④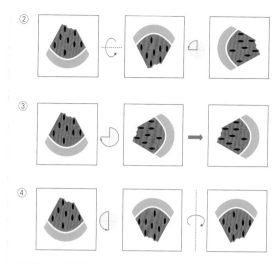

문제에 나온 방법과 같은 모양이 나오는 방법은 ②번입니다.

14 중
단계별 힌트

1단계	앞 수와 뒤 수가 얼마 차이 납니까?
2단계	일곱 번째 수는 첫 번째 수에 3을 몇 번 더하면 나옵니까?

3씩 커지는 규칙입니다. 따라서 □번째 수는 3×□로 세울 수 있습니다. 그런데 첫 번째 수가 5이므로 3×□에 2를 더해야 합니다. 따라서 □번째 수의 식을 3×□+2로 세울 수 있습니다. 따라서 일곱 번째 수는 다음과 같습니다.

(일곱 번째 수)=3×7+2=23

15 중
단계별 힌트

1단계	바둑돌의 모양을 살펴보며, 몇 개씩 늘어나는지 세어 봅니다.
2단계	서른여섯 번째 바둑돌은 첫 번째 바둑돌에 2를 몇 번 더하면 나옵니까?

바둑돌은 2개씩 늘어나므로 □번째 수는 2×□로 세울 수 있습니다. 그런데 첫 번째 바둑돌은 1개이므로 2×□에서 1을 빼야 합니다. 따라서 □번째 수의 식을 2×□−1로 세울 수 있습니다. 따라서 서른여섯 번째에 놓이는 바둑돌의 수는 다음과 같습니다.

(서른여섯 번째 바둑돌의 수)=2×36−1=71(개)

실력 진단 결과

재섬을 한 후, 다음과 같이 점수를 계산합니다.

(내 점수)=(맞은 개수)×6+10(점)

내 점수: _____ 점

점수별 등급표

90점~100점: 1등급(~4%)

80점~90점: 2등급(4~11%)

70점~80점: 3등급(11~23%)

60점~70점: 4등급(23~40%)

50점~60점: 5등급(40~60%)

※해당 등급은 절대적이지 않으며 지역, 학교 시험 난도, 기타 환경 요소에 따라 편차가 존재할 수 있으므로 신중하게 활용 하시기 바랍니다.